数学分析选讲

娄本东　编著

科 学 出 版 社

北 京

内 容 简 介

本书是编者在多年讲授数学分析选讲课程讲义的基础上同时参考一些数学分析类相关书籍编写的. 全书包括数学分析中一百多个重要知识点, 统一编号, 并按知识体系分为五章: 极限与连续, 微分学, 不定积分与常微分方程, 积分学, 广义积分与级数. 有些内容是总结通用教材中的概念和性质, 有些是训练数学分析语言的使用方法, 有些是用泛函分析中的高观点统一理解概念, 有些是增补后续课程中简单的相关知识, 有些是把典型例题单独拿出来进行强调. 希望可以帮助读者熟练数学分析语言、厘清知识结构、提高观点、强化解题技巧.

本书可以作为数学分析课程的辅助教材, 也可以作为数学分析选讲和补充课的教材.

图书在版编目 (CIP) 数据

数学分析选讲 / 娄本东编著. –– 北京: 科学出版社, 2025. 3. –– ISBN 978-7-03-080790-8

I. O17

中国国家版本馆 CIP 数据核字第 2024EK7310 号

责任编辑: 梁　清　孙翠勤 / 责任校对: 杨聪敏
责任印制: 师艳茹 / 封面设计: 无极书装

科 学 出 版 社出版

北京东黄城根北街 16 号
邮政编码: 100717
http://www.sciencep.com

北京富资园科技发展有限公司 印刷
科学出版社发行　各地新华书店经销
*

2025 年 3 月第 一 版　　开本: 720×1000　1/16
2025 年 3 月第一次印刷　印张: 7
字数: 141 000

定价: 39.00 元
(如有印装质量问题, 我社负责调换)

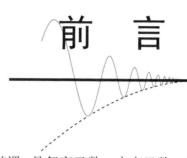

前　言

　　数学分析是大学数学专业最重要的专业基础课, 是复变函数、实变函数、常微分方程、偏微分方程、泛函分析等后继分析类课程的基础, 是培养学生的数学思维和数学素养的主要课程之一, 也是数学专业考研的必考科目.

　　在教学实践中, 我们发现学生存在一些较为普遍的问题:

　　①逻辑思维能力和数学分析语言表达能力不够. 一些概念、命题、逆命题等不能用数学分析语言进行熟练和严格的表述.

　　②熟练程度和推理技巧不够. 训练量不够、经验不足等会使运算迟缓、推理不通.

　　③与 "学" 相比 "思" 不够, 导致一些简单惯性思维的错误. 比如, 针对单调递减的光滑正函数, 只能惯性地想到简单的 $1/x$ 这类函数, 而想不到还有导数无界的函数 (这些 "奇异性" 恰恰是后续分析类课程特别关注的).

　　④忽视了典型例题的代表意义. 一些典型的例子几乎蕴含了相关知识点的主要内容, 有 "窥一斑而见全豹" 之效, 而很多学生忽视了这一点.

　　⑤没有清楚地认识到极限是两个同时进行的无限 "动态" 过程: 当自变量无限逼近某指定状态时, 因变量也随之趋于某个特定状态.

　　⑥多元变量不能整体看待. 在多元函数极限和连续部分, 多元自变量应该视为高维空间中的一个点, 而不应该拆成一个个分量进行处理.

　　党的二十大报告提出 "全面提高人才自主培养质量". 这就促使我们努力构建多维度的学习体系. 本书着重强化数学语言表达、系统思维构建与创新实践能力的培养. 全书包括数学分析一百多个重要知识点, 并依据知识体系分为五章: 第1章极限与连续, 通过大量例子练习数学分析语言的使用, 从映射角度统一理解一元和多元函数的极限与连续, 列举一些习题以训练典型的解题技巧和逻辑思维能力. 第 2 章微分学, 以一元函数微分学复习相关概念, 并通过弗雷歇 (Fréchet) 微分从泛函分析高度理解微分概念的统一性. 多元函数部分重点学习梯度、散度、旋度等概念及其物理意义. 第 3 章不定积分与常微分方程, 不定积分作为求导的逆运算与常微分方程求解密切相关, 本章暂时不将不定积分和定积分相关联, 将牛顿-莱布尼茨 (Newton-Leibniz) 公式及其高维版本的高斯 (Gauss) 公式放在第 4 章学习. 第 4 章积分学, 将定积分、重积分、第一类线/面积分进行统一的定义, 然后分别给出计算公式. 对于第二类线/面积分, 我们用环流量/通量进行定义, 然后转化为第一类积分进行运算. 当曲面封闭时, 还可以进一步使用 Gauss 公式转化为三重积分进行运算. 第 5 章广义积分与级数, 将广义积分与数项级数统一看作数的无穷求和, 含参变量的广义积分与函数项级数统一看作函数的无穷求和, 统一定义与收敛性判别法.

本书希望能帮助读者熟练数学分析语言、厘清知识结构、提高观点、强化解题技巧, 从而改善上面提及的学习问题, 还贴心设计笔记栏供学生总结归纳之用.

作为数学分析选讲教材和数学分析课程的辅助教材, 本书已经在上海师范大学试用多年, 本校相关教学团队秉承党的二十大 "团结奋斗" 的精神, 将基础理论教学与前沿科技需求相融合, 对教材提供了宝贵的意见, 历届学生贡献了许多新鲜的素材, 使本书始终保持着理论与实践结合的温度.

由于编者水平有限, 书中难免存在疏漏和不妥之处, 恳请读者批评指正.

编　者

2025 年 1 月

符号说明

- $\mathbb{N}$: 自然数集.

  $\mathbb{Q}$: 有理数集.

  $\mathbb{R}$: 实数集.

- I 或 $[a,b]$: 实数区间.

  Ω: $\mathbb{R}^N$ 中区域 (可能是开集、闭集或者非开非闭集).

- 以 x 表示一元变量.

  $\mathbf{x}$ 或 (x_1, x_2) 或 (x, y) 表示二元变量; $\mathbf{x}$ 或 (x_1, x_2, x_3) 或 (x, y, z) 表示三元变量; $\mathbf{x}$ 或 $(x_1, \cdots, x_N)$ 表示 N 元变量.

  相应地, 一元函数记为 $f(x)$, 二元函数记为 $f(\mathbf{x})$, $f(x_1, x_2)$ 或 $f(x, y)$, N 元函数记为 $f(\mathbf{x})$ 或 $f(x_1, \cdots, x_N)$ 等.

  在不刻意强调空间维数也不至于引起混淆时, N 元变量 $\mathbf{x}$ 有时也写为 x.

- $C(I)$: I 上的连续函数集合.

  $C^k(I)$: I 上的 k-阶连续可微函数集合.

  $C(\Omega)$, $C^k(\Omega)$ 类似定义.

目　录

第 1 章　极限与连续

1.1　数学分析语言

对于数学分析的初学者来讲, 在学习过程中通常会遇到各种困难, 如**不熟悉数学分析语言、逻辑思维能力不够、解题技巧欠缺**等等. 这些困难通常需要经过大量的训练和有意识的总结反思加以克服.

1. 数学分析语言

陈述论断、提出疑问等都需要语言, 如汉语、英语等自然语言 (在逻辑学上属于元语言), 又如符号语言等形式语言 (在逻辑学上属于对象语言). 现代数学所使用的是一套介于两者之间的半逻辑语言. 三者的区别可通过下面的例子稍加了解.

自然语言　任何两个正实数的和都是正的. 因此, 如果某两个实数之和是负的, 那么它们之中至少有一个是负的.

形式语言　$[A \wedge B \to C] \vdash [\neg C \to (\neg A \vee \neg B)]$, 其中 A, B, C 分别表示 a, b 和 $a+b$ 为正实数这三个论断.

数学分析语言　$\forall a, b \in \mathbb{R}$, 如果 $a > 0$, $b > 0$, 则 $a+b > 0$. 因此, 如果 $a + b < 0$, 则必有 $a < 0$ 或者 $b < 0$.

数学分析涉及极限、连续、微分、积分、级数等基本概念, 采用了一套介于自然语言和形式语言之间的半逻辑语言, 经常被称为 $\varepsilon\text{-}N$ **语言**或者 $\varepsilon\text{-}\delta$ **语言**, 该语言可以很方便地描述现代数学的概念与逻辑关系. 如果不熟悉这门语言, 或者不善于使用该语言表述复杂的逻辑关系, 在本课程的学习中就会遇到比较大的困难.

　　注　在数理逻辑的发展历史上, 莱布尼茨 (Leibniz) 曾力图建立一种精确的、普适的科学语言作为形式语言. 但是, 直到 1879 年, 弗雷格 (Frege) 才建立了这样的语言, 近代数理逻辑介绍的就是这种形式语言. 所以, 数理逻辑史从 1879 年算起. 在数理逻辑中要构造一种符号语言来代替自然语言, 这种人工构造的符号语言称为形式语言. 如

　　幂等律: $A \vdash \neg\neg A$.

　　可传律: $A \vdash B, B \vdash C$. 则 $A \vdash C$.

　　归谬律: 若 $A \vdash C, B \vdash \neg C$, 则 $A \vdash \neg B$.

　　逆反律: 若 $A \to B \vdash \neg B \to \neg A$.

　　交换律: $A \wedge B \vdash B \wedge A, A \vee B \vdash B \vee A$.

　　分配律: $A \vee (B \wedge C) \vdash (A \vee B) \wedge (A \vee C)$,
$$A \wedge (B \vee C) \vdash (A \wedge B) \vee (A \wedge C).$$

2. 逻辑思维

　　逻辑思维能力不仅在使用数学分析语言的过程中是必需的, 而且在日常生活中也是常见的. 比如, "在这次考试中, 全班每一个同学都及格了", 这句话的反话可以陈述为 "在这次考试中, 有的同学没有及格". 但是, 对于下面这些比较绕 (逻辑性强) 的说法, "在这次考试中, 每一门课都有同学考到了 90 分以上, 同时, 也都有同学没有及格. 经过补考, 只剩下一门课还有不及格的同学", 要想给出准确而简明的反面陈述却不太容易, 需要有一定的逻辑思维能力才行. 而数学分析这门课程几乎都在处理各种复杂的逻辑关系, 比如, 一个数列 $\{x_n\}$ 有极限

是指: 随着项数的增大, 它可以任意逼近一个确定的数. 而数列 $\{x_n\}$ 没有极限是指: 无论项数多么靠后, 其后的项 "不是都 (not all)" 逼近一个特定的数. 换句话说, 对于一个给定的数 A, 可能是数列 $\{x_n\}$ 中所有的项 "都不 (all not)" 逼近 A, 也可能是有些项逼近 A, 而另一些项不逼近 A. 此外, 本课程除了要求学生掌握上述逻辑关系, 还要求学生能够熟练地用数学分析语言表达这种关系: 前者是

$\exists\, A \in \mathbb{R}, \forall\, \varepsilon > 0,$ 都 $\exists\, N > 0$ 使得当 $n > N$ 时, 都有 $|x_n - A| < \varepsilon.$

后者是

$\forall\, A \in \mathbb{R}, \exists\, \varepsilon_0 > 0,$ 使得对 $\forall\, N > 0,$ 都有 $n_0 > N$ 满足 $|x_{n_0} - A| \geqslant \varepsilon_0.$

因此, 提升逻辑思维能力会给数学分析的学习带来动力.

1.2   实数系基本定理

3. 实数系基本定理

魏尔斯特拉斯 (Weierstrass) 在 1857 年讲授解析函数论等课程时, 总要花很多时间阐明他的实数理论. 后来, 梅雷 (Méray)、康托尔 (Cantor) 以及海涅 (Heine) 分别于 1869 年、1871 年、1872 年各自独立地给出了无理数的定义, 建立了严格的实数理论. 以下这些定理称为**实数系基本定理**.

确界存在定理   非空有上界的实数集必有上确界.

柯西 (Cauchy) 收敛准则   一个实数列收敛的充分必要条件是: 它是柯西列.

单调有界定理   递增有上界的实数列必有极限.

闭区间套定理   设 $\{[a_n, b_n]\}_{n=1}^{\infty}$ 是实数集上的一列闭区

间, 满足 $[a_n, b_n] \supset [a_{n+1}, b_{n+1}]$ $(n = 1, 2, \cdots)$, 且 $(b_n - a_n) \to$ 0 $(n \to \infty)$. 则这列闭区间有唯一的公共点.

聚点定理　有界无限实数集必有聚点.

致密性定理 (波尔查诺–魏尔斯特拉斯 (Bolzano-Weierstrass) 定理)　有界实数列必有收敛子列.

有限覆盖定理 (海涅–博雷尔 (Heine-Borel) 定理)　有界闭实数集的任何开覆盖都有有限子覆盖.

这七个定理是相互等价的, 可以按照如下次序循环证明:

确界存在定理 $\Rightarrow$ **单调有界定理** $\Rightarrow$ **闭区间套定理** $\Rightarrow$
有限覆盖定理 $\Rightarrow$ **聚点定理** $\Rightarrow$ **致密性定理** $\Rightarrow$
Cauchy 收敛准则 $\Rightarrow$ **确界存在定理**

证　(1) 确界存在定理 $\Rightarrow$ 单调有界定理. 对单增有上界的数列, 用反证法证明其上确界就是其极限.

(2) 单调有界定理 $\Rightarrow$ 闭区间套定理. 设 $[a_n, b_n]$ 是一个闭区间套, 且 $b_n - a_n \to 0$ $(n \to \infty)$, 那么 $\{a_n\}$ 是一个单增数列且有上界 b_1, 因此它收敛于某数 A. 同理可知 $\{b_n\}$ 单减收敛于某数 B. 再由 $b_n - a_n \to 0$ 可知 $A = B$. 此点即为唯一的公共点.

(3) 闭区间套定理 $\Rightarrow$ 有限覆盖定理. 设有界闭集 U 被区间 $[a_1, b_1]$ 所包含. 用反证法. 假如它只能有无限开覆盖, 那么从中间分割后, 其中有某一半 (记为 $[a_2, b_2]$) 也只能有无限子覆盖, 依此类推得闭区间套, 且唯一公共点处有无限开覆盖, 矛盾.

(4) 有限覆盖定理 $\Rightarrow$ 聚点定理. 用反证法. 若每个点都孤立, 则有无限开覆盖, 且每个开集只覆盖一个点, 故不能有有限子覆盖, 矛盾.

(5) 聚点定理 ⇒ 致密性定理. 用反证法. 若无收敛子列则无聚点.

(6) 致密性定理 ⇒ Cauchy 收敛准则. 若 $\{x_n\}$ 为 Cauchy 列, 则它有界, 从而有子列收敛于某点 A, 再由 Cauchy 列的条件可得 $x_n \to A \ (n \to \infty)$.

(7) Cauchy 收敛准则 ⇒ 确界存在定理. 对于有上界的集合 S, 任取其中的一个非上界的点 a_1 及集合的一个上界 b_1, 研究 $c_1 := (a_1 + b_1)/2$. 若它是 S 的上界, 则记 $a_2 := a_1$, $b_2 := c_1$; 若 c_1 不是 S 的上界, 则记 $a_2 := c_1$, $b_2 := b_1$. 继续在区间 $[a_2, b_2]$ 中考虑中间点 c_2, 依次类推, 可以得到两个数列 $\{a_n\}$, $\{b_n\}$, 分别为单增和单减数列. 由 $b_n - a_n = \dfrac{b_1 - a_1}{2^{n-1}}$ 可知这两个数列都是柯西列, 从而都收敛, 且极限相同, 记为 A. 因为每个 a_n 都不是 S 的上界, 而每个 b_n 都是 S 的上界, 由此易知 A 为 S 的上确界. □

1.3 数列极限、序列极限

4. $x_n \to a \ (n \to \infty)$ 的定义

以下几个定义等价.

(i) $\forall \, \varepsilon > 0$, $\exists \, N = N(\varepsilon) > 0$, 使得当 $n > N$ 时, 总有 $|x_n - a| < \varepsilon$.

(ii) $\forall \, \varepsilon > 0$, $\exists \, N = N(\varepsilon) > 0$, 使得当 $n \geqslant N$ 时, 总有 $|x_n - a| \leqslant 2\varepsilon$.

(iii) $\forall \, \varepsilon > 0$, $\exists \, N = N(\varepsilon) > 0$, 使得当 $n > N$ 时, 总有 $x_n \in U(a; \varepsilon) := \{x \in \mathbb{R} \mid |x - a| < \varepsilon\}$.

注 1 $N(\varepsilon)$ 表示一个依赖 ε 的正整数, 并不表示 ε 的函数. 因为满足相关要求的正整数有无穷多个. 此外, $N(\varepsilon)$ 也可

以不是整数, 只要是正数即可.

注 2　极限是微积分中第一个重要概念, 它与中学数学中的概念存在根本的不同. 如果说中学数学中讲函数的取值是 "静态" 的, 那么极限概念就是无限进行的 "动态" 过程, 而且是两个动态过程同时进行的: 当自变量无限逼近一个指定状态时 $(n \to \infty)$, 因变量也随之变化并趋于某一个特定的状态 $(x_n \to a)$. 因此, 初学者不仅在概念理解上需要花工夫, 而且在数学分析语言表述上更需要一个熟悉过程.

5. $x_n \nrightarrow a \ (n \to \infty)$ 的定义

(i) $\exists\, \varepsilon_0 > 0$, 使得对 $\forall N$, 都有 $n_0 > N$ 满足 $|x_{n_0} - a| \geqslant \varepsilon_0$.

(ii) $\exists\, \varepsilon_0 > 0$ 及 $\{x_n\}$ 的子列 $\{x_{n_k}\}$, 使得 $|x_{n_k} - a| \geqslant \varepsilon_0$.

(iii) $\exists\, \varepsilon_0 > 0$, 使得 $\{x_n\} \bigcap U^c(a; \varepsilon_0)$ 为无穷子列, 其中 $U^c(a; \varepsilon_0) := \mathbb{R} \backslash U(a; \varepsilon_0)$.

6. $\{x_n\}$ 有极限的定义

(i) $\exists\, a \in \mathbb{R}, \forall\, \varepsilon > 0, \exists\, N = N(\varepsilon) > 0$, 使得当 $n > N$ 时, 总有 $|x_n - a| < \varepsilon$.

(ii) $\exists\, a \in \mathbb{R}, \forall\, \varepsilon > 0, \exists\, N = N(\varepsilon) > 0$, 使得当 $n > N$ 时, 总有 $x_n \in U(a; \varepsilon)$.

注　实数列与实轴上的无穷点列不是一回事, 前者可能只包含有限个实数, 如 $1, 1, 1, \cdots$, 而后者一定对应无穷多个实数.

7. $\{x_n\}$ 没有极限的定义

(i) 对任何 $a \in \mathbb{R}$, 都存在 $\varepsilon_0 = \varepsilon_0(a) > 0$, 使得无论 N 多么大, 都有 $n_0 > N$ 满足 $|x_{n_0} - a| \geqslant \varepsilon_0$.

(ii) 对任何 $a \in \mathbb{R}$, 都存在 $\varepsilon_0 = \varepsilon_0(a) > 0$ 以及 $\{x_n\}$ 的一个子列 $\{x_{n_k}\}$, 使得 $|x_{n_k} - a| \geqslant \varepsilon_0$.

(iii) 对任何 $a \in \mathbb{R}$, 都存在 $\varepsilon_0 = \varepsilon_0(a) > 0$, 使得 $\{x_n\} \bigcap U^{\mathrm{c}}(a; \varepsilon_0)$ 为无穷子列.

(iv) 存在 $\{x_n\}$ 的两个子列 $\{x_{n_k'}\}$, $\{x_{n_k''}\}$ 以及正数 ε_0, 使得 $|x_{n_k'} - x_{n_k''}| \geqslant \varepsilon_0$.

例题

(1) $x_n = \dfrac{1}{n} \nrightarrow 1$(有极限但极限不是 1);

(2) $x_n = (-1)^n \nrightarrow 1$ (有界振荡);

(3) $x_n = (1 + (-1)^n)^n$ (上无界下有界, 不趋于无穷);

(4) $x_n = (-2)^n \to \infty$ (有无穷极限, 没有有限极限).

8. 数列极限的性质与求法

(i) **有界性** 收敛数列必有界.

(ii) **保号性 1** 设数列 $\{x_n\}$, $\{y_n\}$ 满足 $\lim\limits_{n \to \infty} x_n = a$, $\lim\limits_{n \to \infty} y_n = b$, 且 $a < b$. 则存在正整数 N, 使得当 $n > N$ 时总有 $x_n < y_n$ 成立.

(iii) **保号性 2** 若 $\lim\limits_{n \to \infty} y_n = b > 0$, 则存在正整数 N, 使得当 $n > N$ 时有 $y_n > \dfrac{b}{2}$ 成立.

(iv) **单调有界定理** 单调有界实数列必收敛.

(v) **夹逼准则** (迫敛性) 若三个数列 $\{x_n\}$, $\{y_n\}$, $\{z_n\}$ 从 N_0 有如下关系:

$$x_n \leqslant y_n \leqslant z_n, \quad n > N_0,$$

且 $\lim\limits_{n \to \infty} x_n = \lim\limits_{n \to \infty} z_n = a$, 那么 $\lim\limits_{n \to \infty} y_n = a$.

(vi) **斯笃兹 (Stolz) 定理** 设 $\{b_n\}$ 严格单增且趋于 $+\infty$,

$\dfrac{a_n - a_{n-1}}{b_n - b_{n-1}}$ 有极限 (有限数或无穷), 则 $\dfrac{a_n}{b_n}$ 也有同一极限.

证　先考虑

$$\lim_{n\to\infty} \frac{a_{n+1} - a_n}{b_{n+1} - b_n} = A \in \mathbb{R}$$

的情况. 由定义可知, 任给 $\varepsilon > 0$, 存在 N, 当 $n \geqslant N$ 时, 有

$$(A - \varepsilon)(b_{n+1} - b_n) \leqslant a_{n+1} - a_n \leqslant (A + \varepsilon)(b_{n+1} - b_n).$$

对任何 $m > N$, 在上述不等式中取 $n = N, N+1, \cdots, m$, 并把它们相加, 可得

$$(A - \varepsilon)(b_{m+1} - b_N) \leqslant a_{m+1} - a_N \leqslant (A + \varepsilon)(b_{m+1} - b_N).$$

此式除以 b_{m+1} 并取 m 充分大可得

$$\left| \frac{a_{m+1}}{b_{m+1}} - A \right| < 2\varepsilon.$$

此即证明了结论.

再考虑

$$\lim_{n\to\infty} \frac{a_{n+1} - a_n}{b_{n+1} - b_n} = +\infty$$

的情况. 由此假定可知, 当 n 充分大时, 有

$$\frac{a_{n+1} - a_n}{b_{n+1} - b_n} > 1,$$

从而 $a_{n+1} - a_n > b_{n+1} - b_n > 0$. 利用上一步的结论研究 $\dfrac{b_{n+1} - b_n}{a_{n+1} - a_n}$ 即可. □

注　Stolz 定理与特普利茨 (Toeplitz) 定理有密切关系, 也可以用后者证明前者 (见本章习题).

求数列极限　方法有很多, 包括: 用定义、用上述性质、用巴拿赫 (Banach) 压缩映像原理 (参见第 32 条)、用定积分的

定义等等 (参见习题 1 第 2, 3, 4, 7 题).

9. 上极限与下极限

实数列 $\{x_n\}$ 的**上极限**为

$$\limsup_{n \to \infty} x_n = \overline{\lim_{n \to \infty}} \, x_n := \lim_{N \to \infty} \left[\sup_{n \geqslant N} x_n \right] = \inf_{N \geqslant 1} \left[\sup_{n \geqslant N} x_n \right];$$

下极限为

$$\liminf_{n \to \infty} x_n = \underline{\lim_{n \to \infty}} \, x_n := \lim_{N \to \infty} \left[\inf_{n \geqslant N} x_n \right] = \sup_{N \geqslant 1} \left[\inf_{n \geqslant N} x_n \right].$$

(见图1)

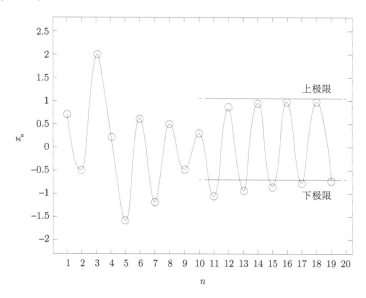

图 1　上、下极限

10. 序列极限的定义

极限概念可以推广到赋范线性空间、距离空间中的序列上去: 设 $\{u_n\}$ 是赋范线性空间 X 中的序列, $v \in X$, $\displaystyle \lim_{n \to \infty} u_n = v$

或者 $u_n \to v \ (n \to \infty)$ 是指

$\forall \, \varepsilon > 0, \exists \, N = N(\varepsilon) > 0,$ 当 $n > N$ 时, 总有 $\|u_n - v\|_X < \varepsilon$

成立.

例题

(1) **欧氏空间** $\mathbb{R}^N$　设 $\mathbf{y} = (y_1, \cdots, y_N) \in \mathbb{R}^N$, 对 $n \in \mathbb{N}$,
$\mathbf{x}_n = (x_{n1}, \cdots, x_{nN}) \in \mathbb{R}^N$. 序列极限 $\mathbf{x}_n \to \mathbf{y} \ (n \to \infty)$
或 $\lim\limits_{n \to \infty} \mathbf{x}_n = \mathbf{y}$ 是指

$$|\mathbf{x}_n - \mathbf{y}| = \sqrt{(x_{n1} - y_1)^2 + \cdots + (x_{nN} - y_N)^2} \to 0 \quad (n \to \infty).$$

(2) **连续函数空间** $C([0,1])$　它表示 $[0,1]$ 上全体连续函
数构成的 Banach 空间, 其中的范数定义为

$$\|u\|_C := \max_{x \in [0,1]} |u(x)|, \quad \forall \, u \in C([0,1]).$$

对于 $\{u_n\} \subset C([0,1])$, $v \in C([0,1])$, $u_n \to v \ (n \to \infty)$ 就是
指 $\|u_n - v\|_C \to 0 \ (n \to \infty)$, 这也等价于函数列 $\{u_n\}$ 在闭区
间 $[0,1]$ 上一致收敛于 v.

(3) **p-次幂可积函数空间** $L^p([0,1])$　设 $p \geqslant 1$, $L^p([0,1])$
表示 $[0,1]$ 上全体 p-次幂勒贝格 (Lebesgue) 可积的函数构成
的 Banach 空间, 其中的范数定义为

$$\|u\|_{L^p} := \left(\int_0^1 |u(x)|^p \mathrm{d}x \right)^{1/p}, \quad \forall \, u \in L^p([0,1]).$$

对于 $\{u_n\} \subset L^p([0,1])$, $v \in L^p([0,1])$, $u_n \to v \ (n \to \infty)$ 就
是指 $\|u_n - v\|_{L^p} \to 0 \ (n \to \infty)$. 它蕴含着函数列 $\{u_n\}$ 在区
间 $[0,1]$ 上几乎处处收敛于 v.

(4) $C(\mathbb{R})$ 表示 $\mathbb{R}$ 上全体连续函数构成的集合, 其中包
含 x^2 这样的无界函数. 这个集合通常不会赋予范数作为赋范
线性空间看待, 而是作为一般拓扑空间看待. 尽管如此, 我们还

是可以考虑某种意义下的**收敛性**. 例如, 对于 $u_n(x) := \dfrac{x^2}{n}$ 这样的函数列 $\{u_n\}$, 当 $n \to \infty$ 时, 仍然有某种趋于 0 的趋势, 即对于任意给定的 $M > 0$, 有 $\|u_n - 0\|_{C([-M,M])} \to 0 \ (n \to \infty)$, 通常称这种收敛性为**局部一致收敛**, 或称**内闭一致收敛**、**紧开拓扑下收敛**.

1.4　函数的极限

11. 函数极限的定义

设 $f(\mathbf{x})$ 是定义在 $\mathbb{R}^N$ 上的函数, $\mathbf{y} \in \mathbb{R}^N$. 那么 $f(\mathbf{x}) \to A \ (\mathbf{x} \to \mathbf{y})$, 或者 $\lim\limits_{\mathbf{x} \to \mathbf{y}} f(\mathbf{x}) = A$ 是指:

(i) $\forall \, \varepsilon > 0, \exists \, \delta > 0$, 只要 $0 < |\mathbf{x} - \mathbf{y}| < \delta$, 就有

$$|f(\mathbf{x}) - A| < \varepsilon.$$

(ii) **Heine 归结原则**　对任何点列 $\{\mathbf{x}_n\} \subset \mathbb{R}^N$, 只要 $\mathbf{x}_n \ne \mathbf{y}, \mathbf{x}_n \to \mathbf{y} \ (n \to \infty)$, 就有 $f(\mathbf{x}_n) \to A \ (n \to \infty)$.

注 1　需要注意不同场合 "$\to$" 的具体含义也不同: 记号 $|\mathbf{x}_n - \mathbf{y}| \to 0$ 既表示实数列 $\{|\mathbf{x}_n - \mathbf{y}|\}$ 的极限为 0 这一事实, 又用于定义 $\mathbf{x}_n \to \mathbf{y}$; 而 $\mathbf{x}_n \to \mathbf{y}$ 和 $\mathbf{x} \to \mathbf{y}$ 都表示前面例题中所说的 $\mathbb{R}^N$ 中点列的极限; $f(\mathbf{x}_n) \to A$ 是数列的极限; $f(\mathbf{x}) \to A$ 则表示多元 (标量) 函数的极限, 它要用前面的几个极限来定义和表达, 也就是说, 在函数极限的定义中, 仅仅是自变量的变化过程这件事就涉及序列取极限的过程. 因此, 如果对上一个知识点中序列的极限不熟悉, 势必会影响多元函数极限定义的准确理解.

注 2　多元函数还有**累次极限**的概念, 上述定义的极限也称**重极限**. 两者之间有联系, 更有区别.

12. $\lim\limits_{\mathbf{x}\to\mathbf{y}} f(\mathbf{x}) \neq A$ 的定义

(i) $\exists\, \varepsilon_0 > 0$, 使得对 $\forall\, \delta > 0$, $\exists\, \mathbf{x}_\delta$, 虽然 $0 < |\mathbf{x}_\delta - \mathbf{y}| < \delta$, 但是 $|f(\mathbf{x}_\delta) - A| \geqslant \varepsilon_0$.

(ii) $\exists\, \{\mathbf{x}_n\} \subset \mathbb{R}^N$, 虽然 $\mathbf{x}_n \to \mathbf{y}\ (n \to \infty)$, 但是 $f(\mathbf{x}_n) \nrightarrow A\ (n \to \infty)$.

13. $\lim\limits_{\mathbf{x}\to\mathbf{y}} f(\mathbf{x})$ 存在的定义

(i) $\exists\, A$, 使得对 $\forall\, \varepsilon > 0$, $\exists\, \delta > 0$, 只要 $0 < |\mathbf{x} - \mathbf{y}| < \delta$, 就有 $|f(\mathbf{x}) - A| < \varepsilon$.

(ii) $\exists\, A$, 使得对任意点列 $\{\mathbf{x}_n\}$, 只要 $\mathbf{x}_n \neq \mathbf{y}$, $\mathbf{x}_n \to \mathbf{y}\ (n \to \infty)$, 就有 $f(\mathbf{x}_n) \to A\ (n \to \infty)$.

14. $\lim\limits_{\mathbf{x}\to\mathbf{y}} f(\mathbf{x})$ 不存在的定义

(i) $\forall\, A$, $\exists\, \varepsilon_0 > 0$, 对 $\forall\, \delta > 0$, $\exists\, \mathbf{x}_\delta$, 虽然 $0 < |\mathbf{x}_\delta - \mathbf{y}| < \delta$, 但是 $|f(\mathbf{x}_\delta) - A| \geqslant \varepsilon_0$.

(ii) $\forall\, A$, 存在点列 $\{\mathbf{x}_n\}$, 虽然 $\mathbf{x}_n \to \mathbf{y}\ (n \to \infty)$, 但是 $f(\mathbf{x}_n) \nrightarrow A\ (n \to \infty)$.

(iii) $\exists\, \varepsilon_0 > 0$ 以及点列 $\{\mathbf{x}_n\}$, $\{\mathbf{y}_n\}$, 虽然它们都趋于 $\mathbf{y}$, 但是 $|f(\mathbf{x}_n) - f(\mathbf{y}_n)| \geqslant \varepsilon_0$.

例题

(1) $\lim\limits_{x\to 0^+} x^p \sin\dfrac{1}{x}\ (p < 0)$ (无界振荡, 沿某些子列极限为 ∞, 沿某些子列极限为 0);

(2) $\lim\limits_{x\to 0^+} \sin\dfrac{1}{x}$ (有界振荡, 沿不同子列极限值可以不同);

(3) $\lim\limits_{x\to 0^+} x^p \sin\dfrac{1}{x}\ (0 < p \leqslant 1)$ (在 $x = 0$ 右连续, 右导数不存在);

(4) $\lim\limits_{x\to 0^+} x^p \sin\dfrac{1}{x}\ (p > 1)$ (在 $x = 0$ 右导数为 0);

(5) $\lim\limits_{x \to 0^+} \dfrac{1}{x} \left(\sin \dfrac{1}{x} + 1 \right)$ （上无界下有界振荡）；

(6) $\lim\limits_{(x,y) \to (0,0)} \dfrac{x^p y^q}{x^{2m} + y^{2n}}$ 是否存在取决于 p, q, m, n 的关系；

(7) $\lim\limits_{(x,y) \to (0,0)} \arctan \dfrac{y}{x}$ $(x \neq 0)$.

证 (6) 情况 1：$pn + qm - 2mn \leqslant 0$，此时极限不存在. 因为沿着曲线 $y = kx^{\frac{m}{n}}$ 有

$$f(x,y) = \frac{k^q}{1 + k^{2n}} x^{\frac{pn + qm - 2mn}{n}}.$$

情况 2：$p \geqslant m$，$q \geqslant n$ 且有一个不等式严格，此时极限为 0. 事实上，

$$|f(x,y)| \leqslant \left| \frac{x^m y^n}{x^{2m} + y^{2n}} \right| \cdot |x^{p-m} y^{q-n}|$$
$$\leqslant \frac{1}{2} |x^{p-m} y^{q-n}| \to 0 \quad ((x,y) \to (0,0)).$$

因此，在情况 2 时函数的极限为 0.　　　　　　□

解 (7) 对于任意 $k > 0$，沿直线 $y = kx$ 函数为 $\arctan k$. 因为它依赖于 k，所以二重极限不存在. (事实上，该函数图像为螺旋面，是一种直纹面，见图 2.)

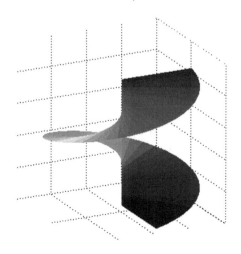

图 2　螺旋面

注　尽管多元函数求偏导数是就一个个分量、一个个方向分别考虑的, 但是, 在考虑极限和连续性时, 应该把自变量视为高维空间的点, 要按此空间中的距离考虑自变量的变化, 而不应该把它拆成一个个分量来看.

15. 其他极限概念

当自变量有其他类型的变化趋势时, 函数有极限、无极限也都可以类似地给出 ε-δ 定义. 例如:

(1) $\lim\limits_{|\mathbf{x}|\to+\infty} f(\mathbf{x}) = A$;

(2) $\lim\limits_{x_1\to+\infty} f(x_1, x_2, \cdots, x_N) \neq A$;

(3) 当 $x_1 \to -\infty$ 时 $f(x_1, x_2, \cdots, x_N)$ 有极限;

(4) 当 $x_1 \to \infty$ 时 $f(x_1, x_2, \cdots, x_N)$ 无极限等.

类似于数列的情况, 函数也可以定义上、下极限的概念. 比如: 设 $f(\mathbf{x})$ 在 $\mathbf{y}$ 的 δ_0-邻域内有定义, 则当 $\mathbf{x} \to \mathbf{y}$ 时函数 $f(\mathbf{x})$ 的**上极限**为

$$\limsup_{\mathbf{x}\to\mathbf{y}} f(\mathbf{x}) = \overline{\lim_{\mathbf{x}\to\mathbf{y}}} f(\mathbf{x}) := \lim_{\delta\to0}\left[\sup_{0<|\mathbf{x}-\mathbf{y}|<\delta} f(\mathbf{x})\right].$$

又比如: 设 $f(\mathbf{x})$ 在 $\mathbb{R}^N$ 中有定义, 则当 $|\mathbf{x}| \to +\infty$ 时函数 $f(\mathbf{x})$ 的**下极限**为

$$\liminf_{|\mathbf{x}|\to+\infty} f(\mathbf{x}) = \underline{\lim_{|\mathbf{x}|\to+\infty}} f(\mathbf{x}) := \lim_{M\to+\infty}\left[\inf_{|\mathbf{x}|>M} f(\mathbf{x})\right].$$

16. 函数极限的性质与求法

(i) **唯一性**　若 $\lim\limits_{\mathbf{x}\to\mathbf{y}} f(\mathbf{x})$ 存在, 则该极限必唯一.

(ii) **局部有界性**　若 $\lim\limits_{\mathbf{x}\to\mathbf{y}} f(\mathbf{x})$ 存在, 则 $f(\mathbf{x})$ 在 $\mathbf{y}$ 的某空心邻域内有界.

(iii) **局部保号性**　若 $\lim\limits_{\mathbf{x}\to\mathbf{y}} f(\mathbf{x}) = A > 0$, 则在 $\mathbf{y}$ 的某空心邻域内有 $f(\mathbf{x}) > A/2$.

(iv) **保序性** 若 $\lim\limits_{\mathbf{x} \to \mathbf{y}} f(\mathbf{x}) = A$, $\lim\limits_{\mathbf{x} \to \mathbf{y}} g(\mathbf{x}) = B$, 且在 $\mathbf{y}$ 的某空心邻域内有 $f(\mathbf{x}) \geqslant g(\mathbf{x})$, 则 $A \geqslant B$.

(v) **夹逼准则** (迫敛性) 若 $\lim\limits_{\mathbf{x} \to \mathbf{y}} f(\mathbf{x}) = \lim\limits_{\mathbf{x} \to \mathbf{y}} g(\mathbf{x}) = A$, 且在 $\mathbf{y}$ 的某空心邻域内有 $f(\mathbf{x}) \leqslant h(\mathbf{x}) \leqslant g(\mathbf{x})$, 则有

$$\lim_{\mathbf{x} \to \mathbf{y}} h(\mathbf{x}) = A.$$

(vi) **四则运算法则** 若 $\lim\limits_{\mathbf{x} \to \mathbf{y}} f(\mathbf{x}) = A$, $\lim\limits_{\mathbf{x} \to \mathbf{y}} g(\mathbf{x}) = B$, 则 $\lim\limits_{\mathbf{x} \to \mathbf{y}}[f(\mathbf{x}) \pm g(\mathbf{x})] = A \pm B$, $\lim\limits_{\mathbf{x} \to \mathbf{y}}[f(\mathbf{x}) \cdot g(\mathbf{x})] = AB$. 如果还有 $B \neq 0$, 那么 $\lim\limits_{\mathbf{x} \to \mathbf{y}} f(\mathbf{x})/g(\mathbf{x}) = A/B$.

求函数极限 方法有很多, 包括: 用定义、用上述性质、用洛必达法则、用无穷小代换、用泰勒 (Taylor) 公式等等 (参见习题 1 第 $2, 5, 6$ 题). 其中, 用 Taylor 公式的方法比较本质, 可以统一处理未定式以及适用于洛必达法则和等价代换的问题.

17. 无穷小量与无穷大量

(i) **无穷小** (或称**无穷小量**) 是趋于 0 的一个函数、数列或其他变量, 而不是一个固定的实数. 因此, 将它与实数相比较是没有意义的.

(ii) **无穷大** (或称**无穷大量**) 是趋于无穷大的一个函数、数列或其他变量. 注意它与无界量的区别: $\{2^n\}$ 是无穷大量, 而 $\{[1 + (-1)^n]^n\}$ 是无界量, 不是无穷大量.

注 关于 $o(\cdot)$ 的理解, 我们有如下说明:

当 $x \in \mathbb{R}$, $x \to 0$ 时,

(1) $o(x)$ 不是一个函数. 否则由 $x^2 = o(x)$, $x^3 = o(x)$ 可得矛盾 $x^2 = x^3$.

(2) $o(x)$ 也不是集合. $x^2 = o(x)$ 不能理解为 $x^2 \in o(x)$. 否则, $e^x = 1 + x + o(x)$ 没法解释.

(3) $x^2 = o(x)$ 的解释应当是:

用这个简单记号记述下面的事实:

"x^2 是一个比 x 更高阶的无穷小"; $e^x = 1 + x + o(x)$ 解释为 "$e^x - 1 - x = o(x)$" 或者 "$e^x = 1 + x$ 再加一个比 x 更高阶的无穷小函数".

1.5　函数的连续性

18. $f(\mathbf{x})$ 在一点 $\mathbf{x}_0$ 处连续

$$\lim_{\mathbf{x} \to \mathbf{x}_0} f(\mathbf{x}) = f\left(\lim_{\mathbf{x} \to \mathbf{x}_0} \mathbf{x}\right) = f(\mathbf{x}_0).$$

19. $f(\mathbf{x})$ 在一点 $\mathbf{x}_0$ 处不连续

(i) $f(\mathbf{x})$ 在 $\mathbf{x}_0$ 点无定义.

(ii) $f(\mathbf{x})$ 在 $\mathbf{x}_0$ 的某邻域 $U(\mathbf{x}_0)$ 中有定义, 但是, 当 $\mathbf{x} \to \mathbf{x}_0$ 时, $f(\mathbf{x}) \nrightarrow f(\mathbf{x}_0)$.

20. 函数在一个区域中的连续性

设 Ω 是 $\mathbb{R}^n$ 中一个区域 (这里指开集、闭集或者是半开半闭的集合), $f(\mathbf{x})$ 在 Ω 中连续是指对任意 $\mathbf{x}_0 \in \Omega$, $f(\mathbf{x})$ 在 $\mathbf{x}_0$ 点连续. 当 $\mathbf{x}_0 \in \partial\Omega \subset \Omega$ 时, 在此点连续的意思是对于任何 $\{\mathbf{x}_n\} \subset \Omega$, 若 $\mathbf{x}_n \to \mathbf{x}_0 \ (n \to \infty)$, 则 $f(\mathbf{x}_n) \to f(\mathbf{x}_0) \ (n \to \infty)$.

例题

(1) 多元函数 $f(\mathbf{x}) = \dfrac{\sin|\mathbf{x}|}{|\mathbf{x}|}$, 在 $\mathbf{x} = \mathbf{0}$ 处无定义, 自然不连续.

(2) 多元函数 $f(\mathbf{x}) = n \ (n \leqslant |\mathbf{x}| < n+1)$, $|\mathbf{x}| = n$ 为跳跃间断点.

(3) 多元函数 $f(\mathbf{x}) = \sin\dfrac{1}{|\mathbf{x}|}$, 在 $\mathbf{x} = \mathbf{0}$ 附近振荡, 不连续.

(4) 一元黎曼 (Riemann) 函数 $R(x)$ 在 $[0,1]$ 中无理点处都连续, 有理点处都不连续.

(5) 二元狄利克雷 (Dirichlet) 函数

$$D(x,y) = \begin{cases} 1, & x,\ y \text{ 中至少有一个无理数,} \\ 0, & x,\ y \text{ 都是有理数} \end{cases}$$

处处不连续.

21. 间断点集稠密的单调函数

可以按照如下方式构造在 $\mathbb{R}$ 上可列稠密点集 (如全部有理点) 都间断的单调函数: 设这个点列为 $\{x_k\}_{k=1}^{\infty}$, 对任意 $x \in \mathbb{R}$, 令

$$f(x) := \sum_{k \in S(x)} \frac{1}{2^k}, \quad \text{其中 } S(x) = \{k \mid x_k \leqslant x\}.$$

那么, 它在 $\mathbb{R}$ 上单调, 且间断点全体为 $\{x_k\}_{n=1}^{\infty}$.

证 显然 $f(x)$ 是严格单增函数. 下面证明对于任何 k_0, x_{k_0} 都是间断点. 由 $\{x_k\}$ 的稠密性可知存在单调递增的子列 $\{x_{k_i}\}$ 趋于 x_{k_0}. 于是

$$f(x_{k_0}) = f(x_{k_i}) + \sum_{k \in \{j \mid x_{k_i} < x_j \leqslant x_{k_0}\}} \frac{1}{2^k} > f(x_{k_i}) + \frac{1}{2^{k_0}}.$$

可见, x_{k_0} 是间断点.

再证明对于任何 $y \in \mathbb{R}\backslash\{x_k\}$, 它都是连续点. 由 $\{x_k\}$ 的稠密性可知, 对于任何 $m \in \mathbb{N}$, 区间 $[y - \dfrac{1}{m}, y)$ 都包含 $\{x_k\}$ 的可数无穷多个点, 而且这些点的最小下标 $K(m)$ 满足 $K(m) \to \infty$ $(m \to \infty)$. 于是

$$f(y) - f\left(y - \frac{1}{m}\right) = \sum_{k \in \{j \mid y - \frac{1}{m} < x_j < y\}} \frac{1}{2^k} < \sum_{k=K(m)}^{\infty} \frac{1}{2^k}$$

$$= \frac{1}{2^{K(m)-1}} \to 0 \quad (m \to \infty).$$

类似可证

$$f\left(y + \frac{1}{m}\right) - f(y) \to 0 \quad (m \to \infty).$$

再结合 $f(x)$ 的单调性即可证明 f 在 y 处的连续性.　　　□

22. 非连续函数的介值定理

设 $f : [a,b] \to [a,b]$ 为单增函数 (不假定严格单增, 更不假定连续), 那么, $f(x)$ 有不动点, 即 $f(x) - x$ 在 $[a,b]$ 中有零点.

证　用反证法, 设 f 在 $[a,b]$ 中没有不动点. 记 $E := \{x \in [a,b] \mid f(x) > x\}$. 则 $a \in E$, $b \notin E$, 因此, $c := \sup E \in [a,b]$ 存在. 对任何 $e \in E$, 我们有 $e \leqslant c$, 从而由单调性可知 $e < f(e) \leqslant f(c)$, 因此 $f(c)$ 是 E 的上界, 于是 $c < f(c)$. 再根据 f 的单调性就有 $f(c) < f(f(c))$ (等号不能成立, 否则 $f(c)$ 是不动点), 因此, $f(c) \in E$, 从而 $f(c) \leqslant c$, 这与 $c < f(c)$ 矛盾.　　□

23. 下/上半连续

称 $f(\mathbf{x})$ 在点 $\mathbf{x}_0$ 处**下半连续**, 如果对于任意给定的 $\varepsilon > 0$, 都存在 $\delta > 0$, 当 $0 < |\mathbf{x} - \mathbf{x}_0| < \delta$ 时, 总有 $f(\mathbf{x}) > f(\mathbf{x}_0) - \varepsilon$ 成立, 或者等价地说,

$$\liminf_{\mathbf{x} \to \mathbf{x}_0} f(\mathbf{x}) \geqslant f(\mathbf{x}_0).$$

上半连续类似定义.

24. $f(\mathbf{x})$ 在 Ω 中一致连续

(i) $\forall \varepsilon > 0$, $\exists \delta = \delta(\varepsilon) > 0$, 对任何 $\mathbf{x}, \mathbf{y} \in \Omega$, 只要 $|\mathbf{x} - \mathbf{y}| < \delta$, 就有 $|f(\mathbf{x}) - f(\mathbf{y})| < \varepsilon$.

(ii) 对任何点列 $\{\mathbf{x}_n\}$, $\{\mathbf{y}_n\} \subset \Omega$, 只要 $|\mathbf{x}_n - \mathbf{y}_n| \to 0$ $(n \to \infty)$, 就有 $|f(\mathbf{x}_n) - f(\mathbf{y}_n)| \to 0$ $(n \to \infty)$.

(iii) $\forall\, \varepsilon > 0$, $\exists\, \delta = \delta(\varepsilon) > 0$ 使得

$$\sup_{\mathbf{x},\, \mathbf{y} \in \Omega,\, |\mathbf{x}-\mathbf{y}| < \delta} |f(\mathbf{x}) - f(\mathbf{y})| \leqslant \varepsilon.$$

(iv) $\displaystyle\lim_{\delta \to 0^+} \sup_{\mathbf{x},\, \mathbf{y} \in \Omega,\, |\mathbf{x}-\mathbf{y}| < \delta} |f(\mathbf{x}) - f(\mathbf{y})| = 0.$

25. $f(x)$ 在 Ω 中不一致连续

(i) $\exists\, \varepsilon_0 > 0$, 对任何 $\delta > 0$, 总存在两点 $\mathbf{x}$, $\mathbf{y} \in \Omega$, 虽然 $|\mathbf{x} - \mathbf{y}| < \delta$, 但是 $|f(\mathbf{x}) - f(\mathbf{y})| \geqslant \varepsilon_0$.

(ii) 存在 $\varepsilon_0 > 0$ 以及两个点列 $\{\mathbf{x}_n\}$, $\{\mathbf{y}_n\} \subset \Omega$, 虽然 $|\mathbf{x}_n - \mathbf{y}_n| \to 0$ $(n \to \infty)$, 但是 $|f(\mathbf{x}_n) - f(\mathbf{y}_n)| \geqslant \varepsilon_0$.

例题

(1) $f(x) = \dfrac{1}{x}$ 在 $(0, 1)$ 中不一致连续. 事实上, 对任意 $0 < \delta < 1$, 取 $x = \delta$, $y = \dfrac{\delta}{2}$. 那么, 虽然 $|x - y| = \dfrac{\delta}{2} < \delta$, 但是 $\left| \dfrac{1}{x} - \dfrac{1}{y} \right| = \dfrac{1}{\delta} > 1$.

(2) $f(x) = \sin\dfrac{1}{x}$ 在 $(0, 1)$ 中不一致连续. 事实上, 取

$$x_n = \frac{1}{2n\pi}, \quad y_n = \frac{1}{2n\pi + \dfrac{\pi}{2}}.$$

虽然 $|x_n - y_n| \to 0$ $(n \to \infty)$, 但是 $\left| \sin\dfrac{1}{x_n} - \sin\dfrac{1}{y_n} \right| = 1$.

(3) 热传导方程 $u_t = u_{xx}$ 的**基本解** (也称**热核**, 见图 3. 参见数学物理方程教材)

$$K(x, t) = \begin{cases} \dfrac{1}{2\sqrt{\pi t}}\mathrm{e}^{-\frac{x^2}{4t}}, & x \in \mathbb{R},\ t > 0, \\ 0, & x \in \mathbb{R},\ t = 0 \end{cases}$$

在区域 $\{(x,t) \mid x \in \mathbb{R},\ t \geqslant 0\} \backslash \{(0,0)\}$ 中连续 (而且光滑), 不一致连续, 但是在区域 $\{(x,t) \mid x \in \mathbb{R},\ t \geqslant 0,\ x^2 + t \geqslant 1\}$ 中一致连续.

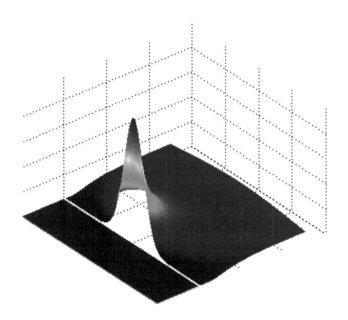

图 3　热核函数 $K(x,t)$

26. 非闭集上的一致连续性

(i) 设 $f(x)$ 在 $(0,1]$ 中连续. 它在 $(0,1]$ 上一致连续的充要条件是它在 0 处有右极限.

(ii) 设 $f(x)$ 在 $[1,\infty)$ 中连续. 它在 $[1,\infty)$ 上一致连续的充分 (但不必要) 条件是存在 $a,b \in \mathbb{R}$ 使得 $f(x) - ax - b \to 0\ (x \to \infty)$. 比如, $\mathrm{e}^{-x} + x$ 满足此条件从而一致连续; $\sin x + x$ 不满足此条件也一致连续; $\sin x^2$ 不满足此条件, 不一致连续.

(iii) 设 $f(x)$ 在 $\mathbb{R}$ 上一致连续, 则它不超过线性增长:

$|f(x)| \leqslant a|x| + b \ (x \in \mathbb{R})$ 对某些 $a, b > 0$ 成立.

27. Weierstrass 逼近定理 (参见 [5, 第 196–208 条])

(i) **第一逼近定理** 有界闭区间上的一元连续函数可以用多项式一致逼近.

(ii) **第二逼近定理** 连续周期一元函数可以用相应的三角多项式一致逼近.

28. Lipschitz 连续与 Hölder 连续

(i) **利普希茨 (Lipschitz) 连续** 如果存在 $L > 0$, 使得对任何 $\mathbf{x}, \mathbf{y} \in \Omega$ 都有

$$|f(\mathbf{x}) - f(\mathbf{y})| \leqslant L|\mathbf{x} - \mathbf{y}|,$$

就称 f 在 Ω 中是 **Lipschitz 连续的**, L 称为 **Lipschitz 常数**.

(ii) **赫尔德 (Hölder) 连续** 如果对某个 $\alpha \in (0,1)$, f 满足 α-Hölder 条件:

$$[f]_\alpha := \sup_{\mathbf{x},\, \mathbf{y} \in \Omega,\, \mathbf{x} \neq \mathbf{y}} \frac{|f(\mathbf{x}) - f(\mathbf{y})|}{|\mathbf{x} - \mathbf{y}|^\alpha} < +\infty,$$

就称 f 在 Ω 中是 **α-Hölder 连续**的, $[f]_\alpha$ 称为 f 的 **α-Hölder 半模**.

注 1 以上两种连续性都蕴含着一致连续. 事实上, 当区域 Ω 有界时, 我们有以下关系:

f 的梯度 Df 有界 $\Rightarrow$ f 是 Lipschitz 连续的 $\Rightarrow$
f 是 Hölder 连续的 $\Rightarrow$ f 一致连续.

注 2 Hölder 连续性通常与区域的有界性有关系.

例题

(1) 设 $\alpha \in (0,1)$, 则 $f(x) = x^\alpha$ 在 $[0,1)$ 和 $(1, \infty)$ 中都

是 α-Hölder 连续的.

证　先证明 $f(x) = x^\alpha$ 在 $[0,1)$ 中是 α-Hölder 连续的. 事实上, 对任何 $x \in [0,1)$, 易知 $(1-x)^\alpha + x^\alpha \geqslant (1-x) + x = 1$, 故 $1 - x^\alpha \leqslant (1-x)^\alpha$. 任取 $x, y \in [0,1)$, $x \neq y$, 不妨设 $x > y$, 那么

$$\frac{|f(x) - f(y)|}{|x-y|^\alpha} = \frac{|x^\alpha(1 - \left(\frac{y}{x}\right)^\alpha)|}{|x-y|^\alpha} \leqslant \frac{|x^\alpha\left(1 - \frac{y}{x}\right)^\alpha|}{|x-y|^\alpha} = 1.$$

因此, x^α 在 $[0,1)$ 上是 α-Hölder 连续的.

另一种证法. 对任意 $x, y \in [0,1)$, $x \neq y$, 不妨设 $x > y$. 令 $t := x - y \in (0,1)$, $b := \frac{y}{t} \in [0,\infty)$. 此时

$$\frac{|x^\alpha - y^\alpha|}{|x-y|^\alpha} = (b+1)^\alpha - b^\alpha.$$

当 $b \in [0,1)$ 时, $(b+1)^\alpha - b^\alpha \leqslant 2^\alpha$; 当 $b \in [1,\infty)$ 时, 由拉格朗日 (Lagrange) 中值定理可知 $(b+1)^\alpha - b^\alpha = \alpha\theta^{\alpha-1} < \alpha$ (这是因为 $\theta > 1$, $\alpha \in (0,1)$). 综上可知 $b \in [0,\infty)$ 时, $\frac{|x^\alpha - y^\alpha|}{|x-y|^\alpha}$ 有界, 所以 $f(x)$ 在 $[0,1)$ 上 α-Hölder 连续.

再证 $f(x) = x^\alpha$ 在 $(1,\infty)$ 上是 α-Hölder 连续的. 事实上, 对于任意 $x \in (1,\infty)$, 有 $\frac{1}{x} \in (0,1)$. 对任意 $x, y \in (1,\infty)$, $x \neq y$, 不妨设 $x > y$, 那么

$$\frac{|x^\alpha - y^\alpha|}{|x-y|^\alpha} = \frac{\left|\left(\frac{1}{y}\right)^\alpha - \left(\frac{1}{x}\right)^\alpha\right|}{\left|\frac{1}{y} - \frac{1}{x}\right|^\alpha}.$$

由前半部分的证明知道此式有界, 因此 $f(x)$ 在 $(1,\infty)$ 上是 α-Hölder 连续的. □

(2) 当 Ω 有界时, 对任意 $\alpha, \beta \in (0,1)$, $\alpha > \beta$. 如果 $f(\mathbf{x})$ 在 Ω 中 α-Hölder 连续, 则它也是 β-Hölder 连续的.

证 根据假设, 存在 $M > 0$, 使得对任意 $\mathbf{x}, \mathbf{y} \in \Omega$, $\mathbf{x} \neq \mathbf{y}$ 都有 $|f(\mathbf{x}) - f(\mathbf{y})| \leqslant M|\mathbf{x} - \mathbf{y}|^\alpha$. 因此,

$$\frac{|f(\mathbf{x}) - f(\mathbf{y})|}{|\mathbf{x} - \mathbf{y}|^\beta} \leqslant M|\mathbf{x} - \mathbf{y}|^{\alpha - \beta} \leqslant M(\operatorname{diam} \Omega)^{\alpha - \beta},$$

其中, $\operatorname{diam} \Omega$ 表示 Ω 的直径. 因此, $f(\mathbf{x})$ 在 Ω 中也是 β-Hölder 连续的. □

注 上述命题的逆命题不成立. 例如: $x^{1/3}$ 在 $(0, 1)$ 中是 $\frac{1}{3}$-Hölder 连续的, 但不是 $\frac{1}{2}$-Hölder 连续的.

(3) 设 $\alpha, \beta, \gamma \in (0, 1)$, 且 $\alpha > \beta > \gamma$, 那么 x^β 在 $(1, \infty)$ 上是 β-Hölder 连续的, 它也是 α-Hölder 连续的, 但不是 γ-Hölder 连续的.

证 由前面的结论可知, x^β 在 $(1, \infty)$ 上 β-Hölder 连续, 故存在 $M > 0$, 使得对任何 $x > y > 1$ 都有 $|x^\beta - y^\beta| \leqslant M|x - y|^\beta$. 因此, 当 $x - y \in (0, 1]$ 时, 由 Lagrange 中值定理可知, 存在 $\theta \in (y, x)$ 使得

$$\frac{|x^\beta - y^\beta|}{|x - y|^\alpha} = \beta\theta^{\beta-1}(x - y)^{1-\alpha} \leqslant \beta\theta^{\beta-1} < \beta;$$

当 $x - y \in (1, \infty)$ 时,

$$\frac{|x^\beta - y^\beta|}{|x - y|^\alpha} \leqslant M(x - y)^{\beta-\alpha},$$

因为 $\beta - \alpha < 0$, 所以它也是有界的. 综上可知 x^β 在 $(1, \infty)$ 上 α-Hölder 连续.

取 $x = 2y > 2$, 那么

$$\frac{|x^\beta - y^\beta|}{|x - y|^\gamma} = (2^\beta - 1)y^{\beta-\gamma},$$

当 $y \in (1, \infty)$ 时上式右端无界. 因此, x^β 在 $(1, \infty)$ 中不是 γ-Hölder 连续的. □

(4) 对区间 $(0, \infty)$ 上的函数 $\sqrt{x}$, x, x^2, 研究它们导数的有界性、Lipschitz 连续性、α-Hölder 连续性, 以及一致连续性. 结果如下所示.

性质	函数		
	$\sqrt{x}$	x	x^2
导数	存在, 无界	存在, 有界	存在, 无界
Lipschitz 连续	否	是, $L=1$	否
α-Hölder 连续	是, $\frac{1}{2}$-Hölder 连续	否	否
一致连续性	是	是	否

29. 有界连通闭区域上连续函数的性质

设 $f(\mathbf{x})$ 在有界连通闭区域 Ω 上连续, 则它一致连续、有最大值和最小值、介值定理成立.

注 关于区域 Ω 的有界、连通、闭等性质如果不满足, 上述有些结论就不再成立.

30. 几个容易忽略的性质

(i) 设 $f(x)$ 是 $[0, \infty)$ 上的连续正函数, 则 "$\int_0^\infty f(x)\mathrm{d}x$ 收敛" 与 "$f(x) \to 0 \ (x \to \infty)$" 互不蕴含. 当前者成立时, $f(x)$ 甚至可以无上界.

证 (参见图 4) 可以按照如下方式构造在 $[0, \infty)$ 上可积、正、连续但是不趋于 0 的例子. 对正整数 n, 在区间 $[n-1, n]$ 中选取长度为 $\frac{1}{n^3}$ 的一小段做底边构造一个等腰三角形, 使其高度为 $2n$, 则此三角形面积为 $\frac{1}{n^2}$. 因此, 由这些三角形的上边沿和 x-轴相连构成的函数就是非负连续、可积、无界的函数. 只要再对这个函数做一些抬高和磨光处理 (关于磨光方法可参考习题 2 第 8 题), 就可以得到一个正的、光滑的、可积且无界的函数.   □

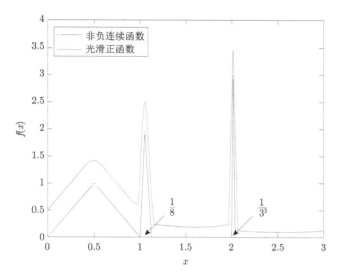

图 4 可积而无界的函数

有一个满足上述性质的例子是 $f(x) = \dfrac{x}{1 + x^6 \sin^2 x}$. 虽然这个例子表达简单, 但是前面构造的函数更本质. 事实上, 在微分方程等后续课程中更多的是用构造辅助函数的方法解决问题.

(ii) 设 $g(x)$ 是 $[0, \infty)$ 上的正、连续可微、严格递减的函数. 那么, $g'(x) \to 0 \ (x \to \infty)$ 不一定成立, 甚至 $g'(x)$ 不一定有界.

证 利用 (i) 中的函数 $f(x)$, 令 $g(x) := \displaystyle\int_x^\infty f(s)\mathrm{d}s$, 那么, 这个函数就可以作为满足题目要求的例子. □

31. 距离空间之间的连续映射

(i) 一些空间概念. 首先对一个集合 S (有限点集或无限点集), 布尔巴基学派认为可以在其中赋予三类基本结构: 拓扑结构、代数结构、序结构.

(1) 如果在 S 中赋予拓扑结构, 则 S 成为一个**拓扑空间**.

(2) 如果在 S 中赋予距离或度量 d, 即定义 $d : S \times S \to [0, +\infty)$ 使之满足

$$d(x, y) \geqslant 0, \quad \forall \, x, y \in S,$$
$$d(x, y) = 0 \Leftrightarrow x = y,$$
$$d(x, y) = d(y, x), \quad \forall \, x, y \in S,$$
$$d(x, y) + d(y, z) \geqslant d(x, z), \quad \forall \, x, y, z \in S,$$

则 S 成为一个**距离空间**或**度量空间**.

(3) 如果 S 是线性空间, 在其上赋予范数, 则范数自动成为一种距离, 这样 S 就成为一个**赋范线性空间**.

(4) 完备的赋范线性空间称为 **Banach 空间**, 典型的例子有 $C([0,1])$, $L^p(\Omega)$, Hölder 空间 $C^\alpha([0,1])$, 索伯列夫 (Sobolev) 空间 $W_p^2(\Omega)$ 等等.

(5) Banach 空间如果有内积则成为 **希尔伯特 (Hilbert) 空间**, 典型的例子有 $L^2(\Omega)$, $W_2^1(\Omega) = H^1(\Omega)$ 等等.

(6) Hilbert 空间如果是 N-维的, 则它与 $\mathbb{R}^N$ 同构.

(ii) 设 X, Y 为两个距离空间, 其中的距离分别记为 $d_X(\cdot, \cdot)$ 和 $d_Y(\cdot, \cdot)$. 又设 $f : X \to Y$. 称 $f(x)$ 在 $x_0 \in X$ 处连续, 如果对任何 $\varepsilon > 0$, 都存在 $\delta > 0$, 当 $d_X(x, x_0) < \delta$ 时, 总有 $d_Y(f(x), f(x_0)) < \varepsilon$.

注　这里引入距离空间之间映射的连续性概念, 不仅是为了把多元函数的连续性进行推广, 主要是想借此强调: 在研究多元函数 $f(\mathbf{x}) = f(x_1, x_2, \cdots, x_n)$ 的连续性时, 应该把自变量 $\mathbf{x} = (x_1, x_2, \cdots, x_n)$ 作为一个整体来看, 不能拆成分量来考虑.

32. 不动点定理

不动点定理是非线性分析的重要内容, 是研究非线性微分

方程 (特别是解的存在性) 的重要工具. 连续映射有许多不动点定理, 这里介绍两个著名的定理.

(i) **Banach 压缩映像原理** 设 D 为完备距离空间 (如 Banach 空间) 中的闭集, $f : D \to D$ 为压缩映像, 即对任何 $x, y \in D$, 总有 $d(f(x), f(y)) \leqslant kd(x, y)$, 其中 $k \in (0, 1)$, $d(\cdot, \cdot)$ 表示 D 中的距离. 则 f 在 D 中存在唯一不动点 $\bar{x}$, 而且对任何 $x_0 \in D$, 都有 $f^n(x_0) \to \bar{x}$ $(n \to \infty)$.

注 这个定理应用非常广泛, 而且使用方便. 比如, 它可以用来证明常微分方程初值问题 (参见第 69 条) 或者一些偏微分方程初边值问题解的局部存在性.

(ii) **布劳威尔 (Brouwer) 不动点定理** 设 D 为 $\mathbb{R}^n$ 中的有界闭凸集, $f : D \to D$ 为连续映射, 则 f 在 D 中必存在不动点.

1.6 凸 函 数

33. 凸函数的定义

(i) **定义 1** 称 $f(x)$ 是区间 $[a, b]$ 上的**凸函数**, 如果

$$f(tx_1 + (1-t)x_2) \leqslant tf(x_1) + (1-t)f(x_2),$$
$$\forall\, x_1,\, x_2 \in [a, b],\; t \in (0, 1).$$

(ii) **定义 2** 满足 **詹森 (Jensen) 不等式**

$$f\left(\sum_{k=1}^{n} \lambda_k x_k\right) \leqslant \sum_{k=1}^{n} \lambda_k f(x_k), \quad x_1, \cdots, x_n \in [a, b]$$

的函数是凸函数, 其中 λ_k 为任何满足 $\sum\limits_{k=1}^{n} \lambda_k = 1$ 的正数组.

(iii) **定义 3** 称 $f(x)$ 是区间 $[a, b]$ 上的凸函数, 如果它是**中点凸**的, 即

$$f\left(\frac{x_1+x_2}{2}\right) \leqslant \frac{f(x_1)+f(x_2)}{2}, \quad \forall\, x_1,\, x_2 \in [a,b].$$

严格凸函数　当 x_i 不全相同时上述不等式总是严格的, 就称 $f(x)$ 是**严格凸函数**.

等价性　当 f 连续时, 上述三个定义是等价的.

(1) 定义 1 $\Rightarrow$ 定义 2. 用数学归纳法.

(2) 定义 2 $\Rightarrow$ 定义 3. 特例.

(3) 定义 3 $\Rightarrow$ 定义 1. 证明梗概如下:

(a) 首先对 $n=2^k$ 用归纳法证明特殊的 Jensen 不等式

$$f\left(\frac{x_1+x_2+\cdots+x_n}{n}\right) \leqslant \frac{f(x_1)+f(x_2)+\cdots+f(x_n)}{n}.$$

(b) 其次, 对 n 用逆向归纳法证明特殊的 Jensen 不等式 (即由 $n+1$ 的情况推导 n 的情况), 从而得到特殊 Jensen 不等式成立.

(c) 对 t 为有理数的情况使用 Jensen 不等式推出定义 1.

(d) 使用连续性对一般的 $t \in [0,1]$ 推导定义 1.

34. 闭区间 $[a,b]$ 上凸函数的性质

(i) **最大值在边界取到**　$f(x) \leqslant \max\{f(a),f(b)\}$. (参见第 47 条极值原理.)

(ii) **连续性**　$f(x)$ 在开区间 (a,b) 内连续.

(iii) **单侧导数的存在性**　设 $x_0 \in (a,b)$, 则函数

$$\frac{f(x)-f(x_0)}{x-x_0}$$

在 $[a,x_0)$ 和 $(x_0,b]$ 上均单增且有界, 故 $f'_\pm(x_0)$ 均存在. 进一步地, 若 $a \leqslant x < y \leqslant b$, 则

$$f'_-(x) \leqslant f'_+(x) \leqslant f'_-(y) \leqslant f'_+(y).$$

因此, 若 f 在 x, y 处均不可导, 那么 $(f'_-(x), f'_+(x))$ 与 $(f'_-(y), f'_+(y))$ 为不相交的开区间, 故有如下命题.

(iv) **几乎处处可导** 开区间内的凸函数点点存在左右导数, 其不可导点至多可列个.

习 题 1

1. 逻辑题.

(a) 设 $\{x_n\}$ 为一有界数列, $\sup\limits_{k \geqslant 1} \inf\limits_{n \geqslant k} x_n \geqslant \inf\limits_{k \geqslant 1} \sup\limits_{n \geqslant k} x_n$. 证明数列 $\{x_n\}$ 收敛并求其极限.

(b) 证明从任一数列中必可选出一个单调的子列. (注意: 所选出的子列不一定总是严格单调的.)

(c) 设 $x_n > 0$, $\lim\limits_{n \to \infty} x_n = 0$, 证明: 存在无穷多个下标 N, 使得 $x_N > x_m$ 对任何 $m > N$ 成立.

2. 用定义研究极限.

(a) 设 $\lim\limits_{x \to 0} h(x) = a$, $\lim\limits_{x \to a} g(x) = \infty$, $\lim\limits_{x \to \infty} f(x) = A$. 证明 $\lim\limits_{x \to 0} f(g(h(x))) = A$.

(b) 设 $\{x_n\}$ 是一个正数列, $x_n \to 1$ $(n \to \infty)$, 证明该数列前 n 项的算术平均、几何平均、调和平均所作成的数列也都趋于 1.

(c) 设 $\{x_n\}$ 如 (b), 证明

$$\lim_{n \to \infty} \frac{x_1 + 2x_2 + \cdots + nx_n}{n^2} = \frac{1}{2}.$$

(d) 设 $a_n \to a$, $b_n \to b$ $(n \to \infty)$, 证明

$$\lim_{n \to \infty} \frac{a_1 b_n + a_2 b_{n-1} + \cdots + a_n b_1}{n} = ab.$$

(e) 用定义求极限:

$$\frac{\ln n}{n^\alpha} \ (\alpha \in (0, 1)), \quad \frac{n^{100}}{e^n}, \quad \frac{n!}{n^n}, \quad \frac{2^n}{n!}, \quad \frac{1}{\sqrt[n]{n!}}.$$

(f) 设 $\lim\limits_{n\to\infty}(x_n - x_{n-2}) = 0$, 证明 $\lim\limits_{n\to\infty}\dfrac{x_n - x_{n-1}}{n} = 0$.

(g) $\lim\limits_{(x,y)\to(0^+,0^+)} x^y$ 是否存在?

(h) $\lim\limits_{(x,y)\to(+\infty,+\infty)}\left(\dfrac{xy}{x^2+y^2}\right)^{x^2}$ 是否存在?

(i) $\lim\limits_{(x,y)\to(0,0)}\dfrac{x^3 y^3}{x^4 + y^8}$ 是否存在?

(j) $\lim\limits_{x+y\neq 0,\,(x,y)\to(0,0)}\dfrac{xy}{\sqrt{x+y+1}-1}$ 是否存在?

(k) 已知 $f(x)$ 在 $[0,+\infty)$ 上有定义且在任何区间可积,
$\lim\limits_{x\to+\infty} f(x) = A$. 证明 $\lim\limits_{t\to 0^+} t\displaystyle\int_0^{+\infty} \mathrm{e}^{-tx} f(x)\mathrm{d}x = A$.

(l) 当 $x\to 0$ 时, 设 $f(x) - f\left(\dfrac{x}{2}\right) = o(x)$, $f(x) = o(1)$. 证明 $f(x) = o(x)$.

3. 用 Stolz 定理求极限.

(a) 设 $0 < x_1 < 1$, $x_{n+1} = x_n(1 - x_n)$. 证明 $\lim\limits_{n\to\infty} x_n = 0$, $\lim\limits_{n\to\infty} n x_n = 1$.

(b) 设 $x_0 = 1$, $x_{n+1} = x_n + \dfrac{1}{x_n}$. 证明 $\lim\limits_{n\to\infty}\dfrac{x_n}{\sqrt{2n}} = 1$.

(c) 设数列 $\{x_n\}$ 使得 $\{2x_{n+1} + x_n\}$ 收敛. 证明 $\{x_n\}$ 收敛.

(d) 求 $\left\{\dfrac{1 + 2\sqrt{2} + 3\sqrt{3} + \cdots + n\sqrt{n}}{n^3}\right\}$ 的极限.

(e) 设 $\alpha > 0$, 求 $\left\{\dfrac{n\sum_{k=1}^{n} k^{\alpha}}{\sum_{k=1}^{n} k^{\alpha+1}}\right\}$ 的极限. (参下面的 5(f).)

4. 可以用 Banach 压缩映像原理的迭代数列求极限: 设迭代数列 $x_{n+1} = f(x_n)$ 满足 $|f'(x)| \leqslant k < 1$, 那么该数列收敛于 f 的唯一不动点.

(a) 设 $x_1 \in (0,2)$, $x_{n+1} = \sqrt{2 + x_n}$. 求 $\{x_n\}$ 的极限.

(b) 设 $a > 1$, $x_1 = 1$, $x_{n+1} = \dfrac{a(1 + x_n)}{a + x_n}$. 求 $\{x_n\}$ 的极限.

(c) 设 $x_1 = 1$, $x_{n+1} = \dfrac{2 + x_n}{1 + x_n}$. 求 $\{x_n\}$ 的极限.

(d) 设 $x_1 = m$, $0 < k < 1$, $x_{n+1} = m + k\sin x_n$, 则 $\{x_n\}$ 趋

于开普勒方程 $x = m + k\sin x$ 的唯一解.

5. 用极限性质讨论极限.

(a) 设 $x_n > 0$, $x_{n+1} + \dfrac{1}{x_n} = 2$, 证明 $\{x_n\}$ 有极限.

(b) 设 $x_0 = x_1 = 1$, 斐波那契数列 $x_{n+2} = x_{n+1} + x_n$. 求 $\left\{\dfrac{x_{n+1}}{x_n}\right\}$ 的极限.

(c) 设 $x_0 = \sqrt{7}$, $x_1 = \sqrt{7 - \sqrt{7}}$, $x_{n+2} = \sqrt{7 - \sqrt{7 + x_n}}$. 求 $\{x_n\}$ 的极限.

(d) 求数列 $\left\{\dfrac{1}{n^2 + 1} + \dfrac{2}{n^2 + 2} + \cdots + \dfrac{n}{n^2 + n}\right\}$ 的极限.

(e) 求数列 $\left\{\dfrac{\sum_{k=1}^{n} k!}{n!}\right\}$ 的极限.

(f) 求数列 $\{(n+1)^{\alpha} - n^{\alpha}\}$ $(\alpha \in (0, 1))$ 的极限.

(g) 设 $a_1, \cdots, a_m$ 为正数, 证 $\lim\limits_{n \to \infty} \sqrt[n]{a_1^n + a_2^n + \cdots + a_m^n} = \max\{a_1, \cdots, a_m\}$.

(h) 设 $a_1 > b_1 > 0$, 且

$$a_{n+1} = \frac{a_n + b_n}{2}, \quad b_{n+1} = \frac{2}{\dfrac{1}{a_n} + \dfrac{1}{b_n}}.$$

证 $\{a_n\}, \{b_n\}$ 都趋于 $\sqrt{a_1 b_1}$.

(i) 设 $x_n = 1 - \dfrac{1}{2} + \dfrac{1}{3} + \cdots + (-1)^{n+1}\dfrac{1}{n}$, 证明 $\{x_n\}$ 有极限.

(j) 证明 $\{\sin n\}$ 没有极限.

(k) 求 $\left\{1 + \dfrac{1}{1!} + \dfrac{1}{2!} + \cdots + \dfrac{1}{n!}\right\}$ 的极限.

(l) 求 $\lim\limits_{n \to \infty} \displaystyle\int_0^1 x^n \sqrt{x + 3}\, \mathrm{d}x$.

(m) 记 $I := [a, b]$, 设 $f(x) \in C(I)$, 证明

$$\lim_{p \to +\infty} \|f\|_{L^p(I)} = \lim_{p \to +\infty} \left(\int_a^b |f(x)|^p \mathrm{d}x\right)^{1/p}$$

$$= \|f\|_{L^\infty(I)} := \max_{x \in I} |f(x)|.$$

(n) 设 $f(0) = 0$, $f'(0) \neq 0$, $f \in C^1$. 求

$$\lim_{x \to 0} \frac{\displaystyle\int_0^1 f(x^2 t)\mathrm{d}t}{x\displaystyle\int_0^1 f(xt)\mathrm{d}t}.$$

6. 无穷小代换与 Taylor 公式.

(a) 求 $\displaystyle\lim_{n \to \infty} \sin\sqrt{n^2 + 1}\pi$.

(b) 求 $\displaystyle\lim_{x \to 0} \frac{x\sqrt{1 + x^2} - x\mathrm{e}^{x^2}}{\arcsin x - \sin x}$.

(c) 求 $\displaystyle\lim_{x \to 0} \frac{\sin x - \arctan x}{\tan x - \arcsin x}$.

(d) 求 $\displaystyle\lim_{x \to 0} \frac{\tan(\sin x) - \sin(\sin x)}{\tan x - \sin x}$.

(e) 求 $\displaystyle\lim_{x \to 0^+} x^{(x^x - 1)}$.

(f) 求 $\displaystyle\lim_{x \to 0^+} \frac{\ln(1 + x)^{1/x} - 1}{x}$.

(g) 求 $\displaystyle\lim_{x \to 0} \frac{1}{x^4}\left[\ln(1 + \sin^2 x) - 6\left(\sqrt[3]{2 - \cos x} - 1\right)\right]$.

(h) 设 $\displaystyle\lim_{x \to +\infty} x^\alpha\left(\sqrt{x^2 + 1} + \sqrt{x^2 - 1} - 2x\right) = \beta \neq 0$, 求 α, β.

注 以上题目多为各高校往年数学分析考题.

7. 用定积分的定义.

(a) 前面的 5 (d).

(b) 求 $\displaystyle\lim_{n \to \infty}\left(\frac{\sin\dfrac{\pi}{n}}{n + 1} + \frac{\sin\dfrac{2\pi}{n}}{n + \dfrac{1}{2}} + \cdots + \frac{\sin\pi}{n + \dfrac{1}{n}}\right)$.

8. 关于极限的其他题目.

(a) 设 $x_1 = a$, $x_{n+1} = x_n^2 + 3x_n + 1$, 求使得数列 $\{x_n\}$ 收

敛的实数 a.

(b) 设 $a, b > 0$,

$$x_1 = \frac{1}{2}\left(a + \frac{b}{a}\right), \quad x_{n+1} = \frac{1}{2}\left(x_n + \frac{b}{x_n}\right).$$

证明 $x_n \to \sqrt{b}\ (n \to \infty)$. （这是求平方根的快速算法.）

(c) 设 $f(0) = 0$, $f'(0)$ 存在, 令 $x_n = f\left(\frac{1}{n^2}\right) + f\left(\frac{2}{n^2}\right) + \cdots + f\left(\frac{n}{n^2}\right)$, 求 $\lim\limits_{n\to\infty} x_n$.

(d) 设 $x_n > 0$, $\limsup\limits_{n\to\infty} x_n \cdot \limsup\limits_{n\to\infty} \frac{1}{x_n} = 1$, 证明 $\{x_n\}$ 有极限.

(e) 证明 $\lim\limits_{n\to\infty} \int_0^{\frac{\pi}{2}} \sin^n x \mathrm{d}x = 0$.

(f) 由数列 $\{x_n\}$ 构造的新数列 $\{|x_2 - x_1| + |x_3 - x_2| + \cdots + |x_n - x_{n-1}|\}$ 如果有界, 则称 $\{x_n\}$ 为**有界变差数列**. 证明这样的数列必收敛.

(g) 设 $a_0 + a_1 + \cdots + a_p = 0$, 证明:

$$\lim_{n\to\infty}\left(a_0\sqrt{n} + a_1\sqrt{n+1} + \cdots + a_p\sqrt{n+p}\right) = 0.$$

(h) 已知 $\lim\limits_{n\to\infty}\sum\limits_{k=1}^{n} a_k$ 存在, $\{p_n\}$ 为严格单增数列, 且 $\lim\limits_{n\to\infty} p_n = +\infty$. 证明: $\lim\limits_{n\to\infty}\dfrac{p_1 a_1 + p_2 a_2 + \cdots + p_n a_n}{p_n} = 0$.

(i) 作出四个二元函数 $f(x, y)$, 使得当 $x \to 0$, $y \to +\infty$ 时分别满足下面的性质:

(1) 两个累次极限都存在而重极限不存在;

(2) 两个累次极限都不存在而重极限存在;

(3) 重极限与两个累次极限都不存在;

(4) 重极限与一个累次极限存在, 另一个累次极限不存在.

9. Toeplitz 定理与 Stolz 定理.

(a) **Toeplitz 变换** 设有一个由非负实数排成的无穷三角

数表 $\{t_{nk}\}$:

$$
\begin{array}{lllll}
t_{11} & & & & \\
t_{21} & t_{22} & & & \\
t_{31} & t_{32} & t_{33} & & \\
\cdots & \cdots & \cdots & \cdots & \\
t_{n1} & t_{n2} & t_{n3} & \cdots & t_{nn} \\
\cdots & \cdots & \cdots & \cdots & \cdots & \cdots
\end{array}
$$

如果它满足

$$
\sum_{k=1}^{n} t_{nk} = 1, \quad \text{且对任意给定的 } k \text{ 有 } t_{nk} \to 0 \ (n \to \infty),
$$

就称这个数表为 **Toeplitz 数表**. 对于已知序列 $\{a_n\}$, 称变换

$$
x_n := \sum_{k=1}^{n} t_{nk} a_k
$$

为 **Toeplitz 变换**. 比如, 当 $t_{nk} = \dfrac{1}{n}$ 时, 这个变换即算术平均变换.

　　Toeplitz 定理　如果 $a_n \to a \ (n \to \infty)$, 则上述 Toeplitz 变换所得数列 $\{x_n\}$ 也收敛于 a. 试证明本定理.

　　(b) 利用 Toeplitz 定理证明 Stolz 定理.

　　10. 连续性.

　　(a) 对任意充分小的 $\varepsilon > 0$, $f(x) \in C([a + \varepsilon, b - \varepsilon])$ 与 $f \in C((a, b))$ 等价吗? 与 $f \in C([a, b])$ 等价吗?

　　(b) 设 $f \in C([a, b])$, 证明 $M(x) := \max\limits_{a \leqslant t \leqslant x} f(t)$, $m(x) := \min\limits_{a \leqslant t \leqslant x} f(t)$ 在 $[a, b]$ 上一致连续.

　　(c) 设 $f(x)$ 在 $[a, b]$ 上单调, 则它至多只能有第一类间断点.

　　(d) 设 $f \in C(\mathbb{R})$, $\lim\limits_{x \to \infty} f(x) = A$, 证明它可以取到最大值或者最小值.

(e) 设 $f(x) = \int_0^x \mathrm{e}^{-t}\left(1 + t + \dfrac{t^2}{2!} + \cdots + \dfrac{t^n}{n!}\right)\mathrm{d}t$, 证明 $f(x) = \dfrac{n}{2}$ 在 $\left(\dfrac{n}{2}, n\right)$ 中至少有一个实根.

(f) 设 $f \in C([0,1])$, 且 $f(0) = f(1)$. 证明对于任意正整数 n, 存在 $x_n \in [0,1]$ 使得 $f(x_n) = f\left(x_n + \dfrac{1}{n}\right)$.

(g) 设 $f : [a,b] \to [a,b]$, 且

$$|f(x) - f(y)| < |x - y|, \quad \forall\, x, y \in [a, b],\ x \neq y.$$

证明 f 在 $[a,b]$ 上存在唯一不动点.　(**注**　f 不是压缩映射, 在无穷维空间中本结论不一定成立.)

(h) 已知 $f(x)$ 连续, $x_1, x_2, \cdots, x_n \in [a,b]$, $t_1 + t_2 + \cdots + t_n = 1\ (t_i > 0)$. 证明存在 $y \in [a,b]$, 使得 $f(y) = \displaystyle\sum_{i=1}^n t_i f(x_i)$.

(i) 证明: 非常数的连续周期函数必有最小正周期.

(j) 设 $f(x)$ 在 $(0,1]$ 内可导, 当 $x \to 0^+$ 时, $\sqrt{x}f'(x) \to 1$. 证明 $f(x)$ 在 $(0,1]$ 上一致连续.

(k) 设 $f(x)$ 在 $\mathbb{R}$ 上一致连续, 证明存在 $a, b \geqslant 0$ 使得 $|f(x)| \leqslant a|x| + b$.

(l) 设 $f(x)$ 在 $[0, +\infty)$ 上一致连续, 且对任何 $x \geqslant 0$ 都有 $\lim\limits_{n \to \infty} f(x + n) = 0$, 证明 $\lim\limits_{x \to +\infty} f(x) = 0$.

(m) 如果 f 在 $I = [1, +\infty)$ 上满足 Lipschitz 条件, 那么 $\dfrac{f(x)}{x}$ 在 I 上一致连续.

(n) 设 $f(x)$ 在 $\mathbb{R}$ 上一致连续, $\varphi(x)$ 在 $\mathbb{R}$ 上连续, $\lim\limits_{x \to \infty} [f(x) - \varphi(x)] = 0$. 证明 $\varphi(x)$ 在 $\mathbb{R}$ 上一致连续.

(o) 证明二元函数 $f(x,y)$ 在某区域 D 上一致连续的充要条件是: 对 D 中的每一对点列 $\{P_n\}$, $\{Q_n\}$, 只要 $\lim\limits_{n \to \infty} |P_n - Q_n| = 0$, 就有 $\lim\limits_{n \to \infty} [f(P_n) - f(Q_n)] = 0$.

(p) 设 A, B 均为 n 阶方阵. 证明 $\det(I - AB) = \det(I - $

$BA)$. (提示: 利用 $A_t := A + tI \to A$ $(t \to 0)$, 由于 A 仅有有限个特征值, 所以, 当 t 充分靠近 0 时, A_t 非奇异, 从而可以求逆. 先对 A_t 证明结论再取极限即可.)

(q) **尤格定理**　设 $f(x,y)$ 在 $\mathbb{R}^2$ 上分别对 x 和 y 是连续的, 并且对任意给定的 x, $f(x,\cdot)$ 关于 y 是单调的. 证明 f 是二元连续函数.

11. 设 f 和 g 是两个周期函数, 且满足 $\lim\limits_{x \to +\infty} (f(x) - g(x)) = 0$. 证明: $f \equiv g$.

12. 设 f 在 $[0,n]$ 上连续, n 为自然数, $f(0) = f(n)$. 证明至少存在 n 组不同的 (x,y) 使得 $y - x$ 为正整数, 且 $f(x) = f(y)$.

13. 设 $f \in C((0,\infty))$ 有界, 证明对于任何 $t > 0$, 都存在单调趋于正无穷的数列 $\{x_n\}$ 使得 $\lim\limits_{n \to \infty} [f(x_n + t) - f(x_n)] = 0$. (**注**　有助于逻辑训练, 有兴趣可学习**几乎周期函数**的定义.)

14. 设 $f(x) \in C^1([0,+\infty))$ 且非负, 满足 $\int_0^{+\infty} f(x)\mathrm{d}x$ 收敛. 证明存在趋于正无穷的数列 $\{x_n\}$ 使得 $\lim\limits_{n \to \infty} \{[f(x_n)]^2 + [f'(x_n)]^2\} = 0$. (**注**　有助于逻辑训练.)

15. 设 $f(x)$ 为 $[a,b]$ 上的连续凸函数. 证明

$$f\left(\frac{a+b}{2}\right) \leqslant \frac{1}{b-a}\int_a^b f(x)\mathrm{d}x \leqslant \frac{f(a) + f(b)}{2}.$$

第2章 微 分 学

2.1 导 数

35. 一元函数 $f(x)$ 在 x_0 处的导数

$$f'(x_0) = \lim_{x \to x_0} \frac{f(x) - f(x_0)}{x - x_0}.$$

36. 一元函数 $f(x)$ 在 x_0 处不可导

(i) $f(x)$ 在 x_0 无定义.

(ii) $f(x)$ 在 x_0 的某邻域有定义, 但是极限 $\lim\limits_{x \to x_0} \dfrac{f(x) - f(x_0)}{x - x_0}$ 不存在 (包括左右导数存在但不相等的情形).

37. 连续函数可能不太好: 存在处处连续处处不可微的一元函数

1872 年 Weierstrass 首先给出一个例子, 哈代 (Hardy) 于 1916 年证明了函数 $f(x) = \sum\limits_{n=1}^{\infty} \dfrac{\sin 2^n x}{2^n}$ 处处连续, 但是处处不可微[8]. 2010 年, 约翰逊 (Johnsen) 用傅里叶 (Fourier) 变换给出了一个简单证明[9].

38. 在一些点可导的函数可能不好, 一个导函数也可能不好

(i) 在一点可导不一定在该点的邻域内连续. 如: $f(x) =$

$x^2 D(x)$ 在 $x = 0$ 处可导, 但是除此点外处处不连续.

(ii) 导函数即使存在, 也可以不连续. 如

$$f(x) = \begin{cases} x^2 \sin \dfrac{1}{x}, & x \neq 0, \\ 0, & x = 0 \end{cases}$$

在 $\mathbb{R}$ 上处处可导, 但是导函数在 $x = 0$ 不连续.

(iii) 存在处处可导处处不单调的一元函数 (参见文献 [1]).

39. 导函数也不会太差

(i) **导数极限定理**   设一元函数 $f(x)$ 在 x_0 的邻域 $U(x_0)$ 内连续, 在 $U^0(x_0)$ 内可导, 且 $\lim\limits_{x \to x_0} f'(x) = A$ 存在, 则 $f'(x_0) = A$.

证   对任何 $x \in U^0(x_0)$, 存在 $\theta \in (0, 1)$ 使得

$$\frac{f(x) - f(x_0)}{x - x_0} = f'(x_0 + \theta(x - x_0)) \to A, \quad x \to x_0. \qquad \square$$

(ii) **导数的介值定理** (达布 (Darboux) 定理)   设一元函数 $f(x)$ 在 $[a, b]$ 上可导, $f'(a) \neq f'(b)$, k 是介于两者之间的任何实数, 则存在 $\xi \in (a, b)$ 使得 $f'(\xi) = k$.

证   不妨设 $f'(a) < k < f'(b)$, 那么 $g(x) = f(x) - kx$ 满足 $g'(a) < 0 < g'(b)$, 且 $g(x)$ 是 $[a, b]$ 上的连续函数. 从而 $g(x)$ 在 $[a, b]$ 上能取到最小值且是在 (a, b) 内部某一点处取到, 在该点处 $g(x)$ 导数为零. $\qquad \square$

注   导函数 $f'(x)$, 只能有连续点和第二类间断点, 无第一类间断点, 并且满足介值定理. 所以 Dirichlet 函数、符号函数等都不会是某函数的导函数. 反过来讲就是: 任何有第一类间断点的函数都不存在原函数, 或者说 "不能进行不定积分". 但是它们完全有可能可以进行定积分.

(iii) 设 $f(x)$ 在区间 (a, b) 内可导, 若 $f'(x)$ 单调, 那么该

导函数也是连续的.

证　不妨设 $f'(x)$ 单调增加, 若它在 x_0 处右侧不连续, 则存在 $\varepsilon > 0$ 使得

$$f'(x) > f'(x_0) + 2\varepsilon , \quad \forall\, x > x_0.$$

于是 $f'(x)$ 取不到值 $f'(x_0) + \varepsilon$, 这与导数的介值定理矛盾. □

(iv) **$[a, b]$ 上的导函数必有连续点**　由

$$f'(x) = \lim_{n \to \infty} n\Big[f\Big(x + \frac{1}{n}\Big) - f(x)\Big]$$

可知 $f'(x)$ 是一列连续函数的逐点极限, 因此, $f'(x)$ 必有连续点. (提示: $f'(x)$ 为贝尔 (Baire) 的 B_1 函数类. 1899 年, Baire 引入 B_1 函数类: 即连续函数列的逐点极限函数. 另一方面, 任何 B_1 函数在每个闭集上都有连续点 (参见文献 [6]).)

注　可测函数列的逐点极限函数可测, 由鲁金定理知可测函数除去一个小测度集后连续. 由此, 并不能推出 $f'(x)$ 有连续点的结论. 例如, Dirichlet 函数除去一个零测度集都是连续的, 但是仍然没有连续点.

40. 一元函数导数的意义

(i) 物理意义: 瞬时变化率、瞬时速度等.

(ii) 几何意义: 切线斜率.

41. 导数计算

(i) 复合函数求导的链式法则;

(ii) 以参数表达的函数的求导;

(iii) 隐函数求导;

(iv) 高阶导数的求法 (拆项合项、Leibniz 公式、归纳法、

递推公式、Taylor 公式等).

例题

(1) 螺线 (旋轮线) 的参数方程 $\begin{cases} x = t - \sin t, \\ y = 1 - \cos t, \end{cases}$ 求 $\dfrac{\mathrm{d}^2 y}{\mathrm{d} x^2}$.

(2) 由 $x^2 + y^2 = \mathrm{e}^{xy}$ 确定的隐函数 $y = y(x)$ 求导.

(3) 对 $y = \arctan x$ 求高阶导数. （提示: 对 $(1 + x^2) y'$ 求高阶导数）.

(4) 对 $y = x^{10} \arctan x$ 求 $y^{(n)}(0)$. （提示: 考察 $(\arctan x)'$ 的 Taylor 级数.)

解 当 $|x| < 1$ 时,

$$(\arctan x)' = \frac{1}{1 + x^2} = \sum_{n=0}^{\infty} (-x^2)^n,$$

故

$$y = x^{10} \arctan x = x^{10} \sum_{n=0}^{\infty} (-1)^n \frac{x^{2n+1}}{2n + 1} = \sum_{k=0}^{\infty} (-1)^k \frac{x^{2k+11}}{2k + 1}.$$

因此

$$y^{(n)}(0) = \begin{cases} 0, & n = 1, 2, \cdots, 9, 10, 12, 14, \cdots, \\ (-1)^k \dfrac{(2k+11)!}{2k+1}, & n = 2k + 11, \ k = 0, 1, 2, \cdots. \end{cases}$$

(5) $f(x) = \begin{cases} \dfrac{\sin x}{x}, & x \neq 0, \\ 1, & x = 0, \end{cases}$ 求 $y^{(n)}(0)$. （提示: 同 (4).)

42. 偏导数与方向导数的关系

偏导数存在是指沿某个坐标轴左右两侧导数都存在且相等, 方向导数是指沿某一个方向的单侧导数. 两者互不蕴含. 不过, 在一条与坐标轴平行的直线上, 偏导数存在蕴含两侧的方向导数都存在.

例题

(1) 多元函数 $f(\mathbf{x}) = |\mathbf{x}|^p$ 在 $\mathbf{x} = 0$ 处, 当 $p > 0$ 时连续. 当 $p > 1$ 时有偏导数; 当 $p = 1$ 时每个方向都有方向导数, 却没有偏导数 (参见图 5).

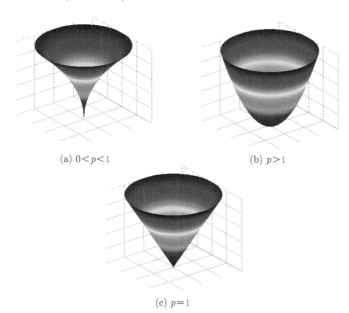

(a) $0 < p < 1$　　　　　　　(b) $p > 1$

(c) $p = 1$

图 5　p-次幂函数

(2) 一元函数 $f(x) = \begin{cases} x^p \sin \dfrac{1}{x}, & x > 0, \\ 0, & x = 0 \end{cases}$ 在 0 处, 当 $p > 0$ 时右连续, 当 $p > 1$ 时右可导, 当 $p > 2$ 时导函数右连续 (参见图 6).

证　当 $0 < p \leqslant 1$ 时, $f(x)$ 在 $x = 0$ 处连续, 但不可导. 当 $p > 1$ 时,

$$f'(x) = g(x) := \begin{cases} px^{p-1} \sin \dfrac{1}{x} - x^{p-2} \cos \dfrac{1}{x}, & x > 0, \\ 0, & x = 0 \,. \end{cases}$$

(注意: 当 $1 < p < 2$ 时, $g(x)$ 无界, 这样的 $g(x)$ 在 $[0,1]$ 上有原函数, 即有不定积分, 但是没有定积分.)

当 $p > 2$ 时, $g(x)$ 在 $[0,+\infty)$ 上连续.   □

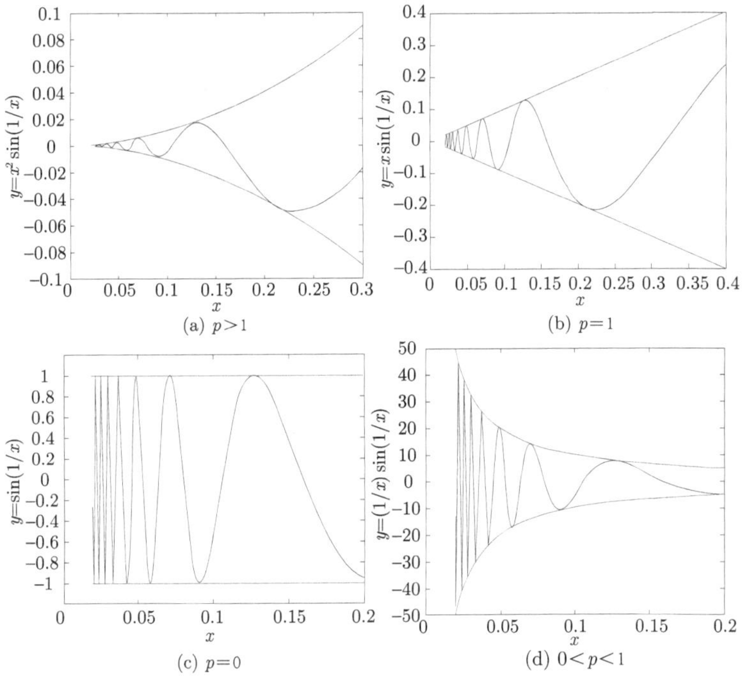

图 6   振荡函数 $x^p \sin \dfrac{1}{x}$ $(x > 0)$

(3) 二元函数

$$
f(x,y) = \begin{cases} (x+y)^p \sin \dfrac{1}{\sqrt{x^2+y^2}}, & (x,y) \neq (0,0), \\ 0, & (x,y) = (0,0) \end{cases}
$$

在 $(0,0)$ 处的连续性、可微性取决于 p 的值.

证   当 $p > 0$ 时,

$$
|f(x,y)| \leqslant (|x| + |y|)^p , \quad (x,y) \to (0,0) .
$$

故 $f(x)$ 在 $(0,0)$ 处连续.

当 $p > 1$ 时, $f_x(0,0) = f_y(0,0) = 0$, 且当 $(x,y) \to (0,0)$ 时有

$$\left| \frac{f(x,y) - 0 - f_x(x,y)x - f_y(x,y)y}{\sqrt{x^2 + y^2}} \right|$$

$$\leqslant \frac{|x+y|^p}{\sqrt{x^2+y^2}}$$

$$\leqslant \frac{2^{\frac{p}{2}}(x^2+y^2)^{\frac{p}{2}}}{\sqrt{x^2+y^2}} \to 0.$$

故 f 在 $(0,0)$ 处可微. □

(4) 一维热方程的热核 $K(x,t)$, 满足 $K_x(0,0) = 0$, 但是从 $(0,0)$ 指向 $t > 0$ 区域的任何方向导数都不存在.

43. 梯度、散度、旋度

设 $f(\mathbf{x})$ 是 n 元函数, $\mathbf{A}(\mathbf{x}) = (a_1(\mathbf{x}), \cdots, a_n(\mathbf{x}))$ 是一个 n 维向量值 n 元函数.

(i) **方向导数** $\dfrac{\partial f}{\partial \nu} = \nabla f \cdot \nu$.

(ii) **梯度** $\operatorname{grad} f = \nabla f = Df = (f_{x_1}, f_{x_2}, \cdots, f_{x_n})$.

几何意义: 梯度是一个向量, 表示函数在某一点处增长最快的方向和增长率.

(iii) **散度**

$$\operatorname{div}\mathbf{A} = \nabla \cdot \mathbf{A} = \left(\frac{\partial}{\partial x_1}, \frac{\partial}{\partial x_2}, \cdots, \frac{\partial}{\partial x_n} \right) \cdot (a_1, a_2, \cdots, a_n)$$

$$= \frac{\partial a_1}{\partial x_1} + \frac{\partial a_2}{\partial x_2} + \cdots + \frac{\partial a_n}{\partial x_n}.$$

$$\operatorname{div}\nabla f = \nabla \cdot \nabla f = \Delta f := f_{x_1 x_1} + f_{x_2 x_2} + \cdots + f_{x_n x_n}.$$

物理意义: 散度是一个标量, 表示电场、磁场、流场等向量场中, 通过一点周围的单位表面积向外的流量 (通量).

(iv) **旋度** 当 $n = 3$ 时,

$$\mathrm{rot}\,\mathbf{A} = \mathrm{curl}\,\mathbf{A} = \nabla \times \mathbf{A} = \begin{vmatrix} \mathbf{i} & \mathbf{j} & \mathbf{k} \\ \dfrac{\partial}{\partial x_1} & \dfrac{\partial}{\partial x_2} & \dfrac{\partial}{\partial x_3} \\ a_1 & a_2 & a_3 \end{vmatrix}.$$

特别地,

$$\mathrm{rot}\nabla f = \nabla \times \nabla f = \begin{vmatrix} \mathbf{i} & \mathbf{j} & \mathbf{k} \\ \dfrac{\partial}{\partial x_1} & \dfrac{\partial}{\partial x_2} & \dfrac{\partial}{\partial x_3} \\ f_{x_1} & f_{x_2} & f_{x_3} \end{vmatrix} = \mathbf{0}.$$

因此, ∇f 是无旋向量场.

物理意义: 旋度是一个向量, 表示一个向量场的旋转方向和旋转程度.

44. 隐函数存在定理、反函数存在定理

(i) **(一元) 隐函数存在定理**   设二元函数 $F(x,y)$ 在开区域 G 中连续, 且具有连续偏导数, 存在 $(x_0, y_0) \in G$ 使得 $F(x_0, y_0) = 0$, 而且 $F_y(x_0, y_0) \neq 0$. 则

(1) 在点 (x_0, y_0) 附近, 函数方程 $F(x,y) = 0$ 可以唯一确定一个隐函数

$$y = f(x), \quad x_0 - \varepsilon < x < x_0 + \varepsilon,$$

它满足 $F(x, f(x)) \equiv 0$, $y_0 = f(x_0)$;

(2) 隐函数 $y = f(x)$ 在 $(x_0 - \varepsilon, x_0 + \varepsilon)$ 上具有连续的导数, 且

$$\frac{\mathrm{d}y}{\mathrm{d}x} = -\frac{F_x(x,y)}{F_y(x,y)}.$$

(ii) **反函数存在定理**   如果上面的函数 $F(x,y)$ 形如 $F(x,y) = x - g(y)$, 那么相应的隐函数存在定理就变为 $x = g(y)$ 的反

函数 $y = f(x)$ 的存在性.

45. 费马引理

费马 (Fermat) 引理　设 $\mathbf{x}_0$ 是 $f(\mathbf{x})$ 在区域 Ω 内的极值点, 且 $f(\mathbf{x})$ 在 $\mathbf{x}_0$ 处偏导数存在, 则 $\nabla f(\mathbf{x}_0) = 0$.

46. 导数和偏导数的应用

判断图像单调性、凸凹型、极值与最值、条件极值 (Lagrange 乘子法)、曲率、曲面方程 (显函数表达、隐函数表达、参数表达)、曲线方程 (两曲面相交、参数方程)、切平面方程 (根本问题在于求法向量)、切线方程 (根本问题在于求切向量) 等.

(i) **曲面 Σ**　记 $P = (x, y, z)$, $P_0 = (x_0, y_0, z_0) \in \Sigma$, 记从 P_0 到 P 的向量为 $\overrightarrow{P_0P}$, 再记 $A_0 = (x_0, y_0)$. 那么

方程	P_0 处的单位法向量 $\mathbf{n}$	P_0 处法线	P_0 处切平面
$F(P) = 0$	$\dfrac{\nabla F(P_0)}{|\nabla F(P_0)|}$	$\overrightarrow{P_0P} = k\mathbf{n}$	$\overrightarrow{P_0P} \cdot \mathbf{n} = 0$
$z = f(x, y)$	$\dfrac{(f_x(A_0), f_y(A_0), -1)}{\sqrt{1 + f_x^2 + f_y^2}}$	同上	同上
$\begin{cases} x = x(u, v), \\ y = y(u, v), \\ z = z(u, v), \\ \mathbf{r}(u, v) = (x, y, z) \end{cases}$	$\dfrac{\mathbf{r}_u \times \mathbf{r}_v}{|\mathbf{r}_u \times \mathbf{r}_v|}$	同上	同上

(ii) **曲线 Γ**　设 $P = (x, y, z)$, $P_0 = (x(t_0), y(t_0), z(t_0)) \in \Gamma$, 记从 P_0 到 P 的向量为 $\overrightarrow{P_0P}$, 那么

方程	P_0 处的单位切向量 $\mathbf{n}$	P_0 处切线	P_0 处法平面
$\begin{cases} x = x(t), \\ y = y(t), \\ z = z(t) \end{cases}$	$\dfrac{(x'(t_0), y'(t_0), z'(t_0))}{|(x'(t_0), y'(t_0), z'(t_0))|}$	$\overrightarrow{P_0P} = k\mathbf{n}$	$\overrightarrow{P_0P} \cdot \mathbf{n} = 0$
$\mathbf{r}(t) = x(t)\mathbf{i} + y(t)\mathbf{j} + z(t)\mathbf{k}$	$\dfrac{\mathbf{r}'(t_0)}{|\mathbf{r}'(t_0)|}$	同上	同上
$\begin{cases} F(x, y, z) = 0, \\ G(x, y, z) = 0 \end{cases}$	$\dfrac{\nabla F \times \nabla G}{|\nabla F \times \nabla G|}$	同上	同上

47. 极值原理 (maximum principle)

设 Ω 是 N 维空间 $\mathbb{R}^N$ 中具有光滑边界的有界连通开集, $f(\mathbf{x})$ 是 $\overline{\Omega}$ 上二阶连续可微的函数. 如果 $\Delta f(\mathbf{x}) \geqslant 0$ (这种 f 被称为**下调和函数**), 那么有以下结论:

(i) **弱极值原理** f 的最大值一定可以在 Ω 的边界 $\partial\Omega$ 上取得.

(ii) **强极值原理** 如果 f 不恒为常数, 那么它的最大值只能在边界上取到.

(iii) **霍普夫 (Hopf) 边界点引理** 在上一种情况下, f 在边界最大值点处的外法向导数为正.

证 (i) 先考虑 $\Delta f(\mathbf{x}) > 0$ 的情况. 此时, 用反证法易证 $f(\mathbf{x})$ 不可能在 Ω 内部取到极大值. 也就是说, f 的最大值只能在 $\partial\Omega$ 上取到.

再考虑 $\Delta f(\mathbf{x}) \geqslant 0$ 的情况. 还用反证法, 假设 $f(\mathbf{x})$ 在 $\partial\Omega$ 上取不到最大值, 那么对任何 $\mathbf{x}_0 \in \Omega$, 函数

$$f_\epsilon(\mathbf{x}) := f(\mathbf{x}) + \epsilon \left| \mathbf{x} - \mathbf{x}_0 \right|^2$$

当 $\epsilon > 0$ 充分小时在 $\partial\Omega$ 上也取不到最大值. 另一方面,

$$\Delta f_\epsilon(\mathbf{x}) = \Delta f(\mathbf{x}) + 2N\epsilon > 0.$$

这与前面证明的结论相矛盾, 因此弱极值原理成立.

(ii) 先证明球上的 Hopf 边界点引理: 若 f 在一个球 $B_R(\mathbf{x}_0)$ 中满足 $\Delta f(\mathbf{x}) \geqslant 0$, 在边界点 $\mathbf{y} \in \partial B_R(\mathbf{x}_0)$ 处达到最大值 (记为 M), 而在 $B_R(\mathbf{x}_0)$ 内部取不到此最大值, 则

$$\frac{\partial f}{\partial \mathbf{n}}(\mathbf{y}) > 0, \quad \text{其中 } \mathbf{n} \text{ 为 } \partial B_R(\mathbf{x}_0) \text{ 上 } \mathbf{y} \text{ 处的单位外法向.}$$

事实上, 取

$$\alpha > \frac{2N}{R^2}, \quad \epsilon > 0 \text{ 充分小},$$

在环形区域 $D := \overline{B_R(\mathbf{x}_0) \backslash B_{\frac{R}{2}}(\mathbf{x}_0)}$ 中研究函数

$$g(\mathbf{x}) := f(\mathbf{x}) + \epsilon(\mathrm{e}^{-\alpha|\mathbf{x}-\mathbf{x}_0|^2} - \mathrm{e}^{-\alpha R^2}).$$

易知, 当 $\epsilon > 0$ 充分小时,

$$g\big|_{\partial B_{\frac{R}{2}}(\mathbf{x}_0)} < M, \quad g\big|_{\partial B_R(\mathbf{x}_0)} \leqslant M, \quad g(\mathbf{y}) = f(\mathbf{y}) = M,$$

$$\Delta g = \Delta f + \epsilon\mathrm{e}^{-\alpha|\mathbf{x}-\mathbf{x}_0|^2}(4\alpha^2|\mathbf{x}-\mathbf{x}_0|^2 - 2\alpha N) > 0, \quad x \in D.$$

因此 g 的最大值只能在 $\partial B_R(\mathbf{x}_0)$ 上 (包括 $\mathbf{y}$ 处) 取到, 从而

$$\frac{\partial g}{\partial \mathbf{n}}(\mathbf{y}) = \frac{\partial f}{\partial \mathbf{n}}(\mathbf{y}) - 2\epsilon\alpha\mathrm{e}^{-\alpha R^2}|\mathbf{y}-\mathbf{x}_0| \geqslant 0.$$

由此可得结论.

下面证明强极值原理. 由于 f 不恒为常数, 故集合 $E = \{\mathbf{x} \in \overline{\Omega} \mid f(\mathbf{x}) = M\}$ 是 $\overline{\Omega}$ 的闭子集, 其余集 E^c 为 $\overline{\Omega}$ 中的真开子集. 不难构造满足以下条件的小球 B 使得 $\overline{B} \subset \Omega$, $\overline{B} \cap E = \{\mathbf{y}\}$. 在 B 上利用 Hopf 边界点引理可得矛盾. 故 $E = \varnothing$ 或 $E = \overline{\Omega}$.

(iii) 上面 (ii) 的证明中已经蕴含了 Hopf 边界点引理 (iii) 的证明. □

注　上述极值原理是对 Laplace 算子 Δ 叙述的, 对一般的椭圆算子也有极值原理. 另外, 对于抛物算子也有相应的极值原理. 这些极值原理是研究椭圆型、抛物型偏微分方程的重要工具, 其叙述、证明和使用在数学物理方程、偏微分方程教材中都可以找到.

2.2 微 分

48. 微分定义

设 $f(\mathbf{x})$ 是一个 n 元函数, $\mathbf{x}_0$ 是其定义域中的一点. 若

$$f(\mathbf{x}) = f(\mathbf{x}_0) + \mathbf{A} \cdot (\mathbf{x} - \mathbf{x}_0) + o(|\mathbf{x} - \mathbf{x}_0|),$$

则称 $f(\mathbf{x})$ 在点 $\mathbf{x}_0$ 处**可微**, 称 $\mathbf{A} \cdot (\mathbf{x} - \mathbf{x}_0)$ 为 $f(\mathbf{x})$ 在 $\mathbf{x}_0$ 处的**全微分**. 此时, f 的函数图像在 $(\mathbf{x}_0, f(\mathbf{x}_0))$ 处有切平面.

49. 可微与可导的关系

(i) 对于一元函数, 可微等价于可导.

(ii) 对于多元函数, 在一点可微蕴含着在该点处各个方向的方向导数存在, 所有一阶偏导数存在, 从而在该点连续. 但是其附近的任何点处, 连续性都不一定保证. 比如, $f(\mathbf{x}) = |\mathbf{x}|^p D(\mathbf{x})$, 其中 $p > 1$, $D(\mathbf{x})$ 为高维 Dirichlet 函数.

50. 多元函数连续、有偏导、可微的关系

多元函数 $f(\mathbf{x})$ 在一点 $\mathbf{x}_0$ 附近的性态, 有以下关系:

(A) f 在 $\mathbf{x}_0$ 及其附近有连续的偏导数.

(B) f 在 $\mathbf{x}_0$ 处可微.

(C) f 在 $\mathbf{x}_0$ 处各个方向有方向导数.

(D) f 在 $\mathbf{x}_0$ 处有偏导数.

(E) f 在 $\mathbf{x}_0$ 某实心邻域内连续.

(F) f 在点 $\mathbf{x}_0$ 连续.

则 (A) $\Rightarrow$ (B) $\Rightarrow$ (C)/(D)/(F), (E) $\Rightarrow$ (F), 其他蕴含关系都不成立, 都可以举出反例, 特别注意 (B) $\not\Rightarrow$ (E), (C) $\not\Rightarrow$ (F) 等情况的反例.

51. 中值定理

设一元函数 $f(x)$, $g(x)$ 在闭区间 $[a,b]$ 上连续, 在开区间 (a,b) 内可导.

(i) **罗尔 (Rolle) 定理**　若 $f(a) = f(b)$, 则至少存在一点 $y \in (a,b)$, 使得 $f'(y) = 0$.

(ii) **Lagrange 定理**　至少存在一点 $y \in (a,b)$, 使得 $f'(y) = \dfrac{f(b) - f(a)}{b - a}$.

(iii) **Cauchy 定理**　如果 $g'(x) \neq 0$, 那么至少存在一点 $y \in (a,b)$, 使得

$$\frac{f'(y)}{g'(y)} = \frac{f(b) - f(a)}{g(b) - g(a)}.$$

52. 中值等式问题

假设一个一元函数 $f(x)$ 满足一定条件, 证明存在一点使得该函数及其导数在该点处满足一个等式, 这类问题称为中值等式问题. 其中有两类常见的情况如下.

(i) 设 $f(x)$ 在 $[a,b]$ 上满足某些边界条件, 证明存在一点 y 使得 f 在该点处满足某一等式或不等式. 对于这类问题, 可以先构造一个辅助函数 $\varphi(x)$ 使它满足 f 的所有边界条件, 然后对 $f(x) - \varphi(x)$ 使用中值定理.

例 1　设 $f \in C^3([-1,1])$, $f(-1) = 0$, $f(1) = 1$, $f'(0) = 0$, 证明存在 $y \in (-1,1)$ 使得 $f'''(y) = 3$.

证　试构造 $\varphi = ax^3 + bx^2 + cx + d$, 为了使

$$\varphi(-1) = 0, \quad \varphi(0) = f(0), \quad \varphi'(0) = 0,$$
$$\varphi(1) = 1, \quad \varphi'''(x) \equiv 3$$

成立, 可取

$$\varphi(x) = \frac{1}{2}x^3 + \left(\frac{1}{2} - f(0)\right)x^2 + f(0),$$

对 $f(x) - \varphi(x)$ 多次使用 Rolle 定理即可.　　　　　　　□

例 2　设 $f \in C^3([0,1])$, $f(0) = 1$, $f(1) = 2$, $f'\left(\frac{1}{2}\right) = 0$, 证明存在 $y \in (0,1)$ 使得 $|f'''(y)| \geqslant 24$.

证　构造 $\varphi(x) = ax^3 + bx^2 + cx + d$ 使

$$\varphi(0) = 1, \quad \varphi\left(\frac{1}{2}\right) = f\left(\frac{1}{2}\right), \quad \varphi'\left(\frac{1}{2}\right) = 0,$$

$$\varphi(1) = 2, \quad \varphi'''(x) \equiv 24.$$

为此可取

$$a = 4, \quad d = 1, \quad b = -4f\left(\frac{1}{2}\right), \quad c = 4f\left(\frac{1}{2}\right) - 3,$$

然后再对 $f(x) - \varphi(x)$ 多次使用 Rolle 定理即可.　　　　□

(ii) 另一种情况是证明存在一点 ξ 满足一个微分等式 $F(\xi, f(\xi), f'(\xi)) = 0$. 这类问题可以先求解微分方程 $F(x, y, y') = 0$, 得到通解 $y = \varphi(x; C)$, 于是 $F(x, \varphi(x; C), \varphi'(x; C)) \equiv 0$. 然后选取合适的 C, 使得 $y = \varphi(x; C)$ 恰好与原来的函数 $f(x)$ 在某一个 $(\xi, f(\xi))$ 点处相切, 于是

$$\varphi(\xi; C) = f(\xi), \quad \varphi'(\xi; C) = f'(\xi),$$

代入关于 φ 的方程即得结论 $F(\xi, f(\xi), f'(\xi)) = 0$. 例如

例 3　设 $f \in C\left(\left[0, \frac{\pi}{4}\right]\right) \cap C^1\left(\left(0, \frac{\pi}{4}\right)\right)$, 且 $f\left(\frac{\pi}{4}\right) = 0$, 证明存在 $\xi \in \left(0, \frac{\pi}{4}\right)$ 使得 $2f(\xi) + \sin 2\xi \cdot f'(\xi) = 0$.

证　求解 $2\varphi(x) + \sin 2x \cdot \varphi'(x) = 0$ 得 $\varphi(x) = C \cot x$. 不妨设 f 在 $\left[0, \frac{\pi}{4}\right]$ 上有正值 (否则, f 只取负值的话, 类似可证),

则存在 $C_1 > 0$ 使得

$$f(x) \leqslant C_1 \cot x, \quad x \in \left[0, \frac{\pi}{4}\right],$$

且二者在一点 $(\xi, f(\xi))$ 处相交. 由于 $f\left(\dfrac{\pi}{4}\right) = 0$, 故交点不可

能是 $\left(\dfrac{\pi}{4}, 0\right)$, 从而 $\xi \in \left(0, \dfrac{\pi}{4}\right)$, 且二者在该交点处相切, 即

$$f(\xi) = \varphi(\xi), \quad f'(\xi) = \varphi'(\xi),$$

再由 φ 的方程可得结论. □

例 4 设 $f \in C([0,1]) \bigcap C^1((0,1))$, 且 $f(0) = f(1) = 1$, $f\left(\dfrac{1}{2}\right) = 1$, 证明对于任何 $\lambda \in \mathbb{R}$, 都存在 $\xi \in (0,1)$ 使得 $f'(\xi) - \lambda[f(\xi) - \xi] = 1$.

证 求解常微分方程

$$\varphi' - \lambda(\varphi(x) - x) = 1,$$

得通解

$$\varphi(x) = Ce^{\lambda x} + x,$$

取适当的 C 使 $\varphi(x)$ 位于 f 上方且二者相切于点 $\xi \in (0,1)$ 即可. □

53. Taylor 公式、Maclaurin 公式

在 $\mathbf{x}_0 \in \mathbb{R}^n$ 附近有如下 Taylor 公式 (当 $\mathbf{x}_0 = 0$ 时称为麦克劳林 (Maclaurin) 公式)

$$\begin{aligned}
f(\mathbf{x}) =& f(\mathbf{x}_0) + Df(\mathbf{x}_0) \cdot (\mathbf{x} - \mathbf{x}_0) + \frac{1}{2}[(\mathbf{x} - \mathbf{x}_0)D]^2 f(\mathbf{x}_0) + \cdots \\
& + \frac{1}{n!}[(\mathbf{x} - \mathbf{x}_0)D]^n f(\mathbf{x}_0) + R_n,
\end{aligned}$$

其中 $D = (\partial_{x_1}, \partial_{x_2}, \cdots, \partial_{x_n})$.

(i) 佩亚诺 (Peano) 余项　$R_n = o(|\mathbf{x} - \mathbf{x}_0|^n)$;

(ii) **Lagrange 余项**

$$R_n = \frac{1}{(n+1)!}[(\mathbf{x} - \mathbf{x}_0)D]^{n+1}f(\mathbf{y});$$

(iii) **Cauchy 余项** (一元情形)

$$R_n = \frac{1}{n!}f^{(n+1)}(y)(x-y)^n(x-x_0);$$

(iv) 积分余项

$$R_n = \frac{1}{n!}\int_0^1 (1-s)^n[(\mathbf{x}-\mathbf{x}_0)D]^{n+1}f(\mathbf{x}_0 + s(\mathbf{x}-\mathbf{x}_0))\mathrm{d}s;$$

(一元情形)　$R_n = \frac{1}{n!}\int_{x_0}^x (x-t)^n f^{(n+1)}(t)\mathrm{d}t.$

例题

$\mathrm{e}^x,\ \sin x,\ \cos x,\ \ln(1+x),\ (1+x)^\alpha,\ \arctan x$ 等函数的 Maclaurin 公式特别重要.

注　利用 Maclaurin 公式可以证明 e, π, sin 1, ln 2 等等是无理数 (参见习题 2 第 10 题), 也可以用于求它们的近似值.

54. Fréchet 微分、Gâteaux 微分、映射的 Taylor 公式

设 X, Y 是两个 Banach 空间, $f : X \to Y$, $x_0 \in X$, $\mathcal{L}(X,Y)$ 表示从 X 到 Y 的有界线性算子集合.

(i) **Fréchet 微分**　如果存在 $T \in \mathcal{L}(X,Y)$ 使得

$$\lim_{x \to x_0} \frac{\|f(x) - f(x_0) - T(x-x_0)\|_Y}{\|x - x_0\|_X} = 0,$$

则称 f 在 x_0 处 **Fréchet 可微**, 并记

$$T = f_x(x_0) = D_x f(x_0) = f'(x_0)$$

为 f 在 x_0 处的 **Fréchet 微分**.

类似地可以定义高阶 Fréchet 微分

$$D_x^2 f(x) \in \mathcal{L}(X, \mathcal{L}(X, Y))$$

等等.

(ii) **Gâteaux 微分**　如果对任何 $h \in X$, 有

$$\mathrm{d}f(x_0; h) := \lim_{t \to 0} \frac{f(x_0 + th) - f(x_0)}{t}$$

都存在 (是 Y 中的元素), 则称 f 在 x_0 处**加托 (Gâteaux) 可微**, 此极限称为 **Gâteaux 微分**.

注　此定义类似于方向导数的定义, 但实际上它比方向导数和偏导数都强, 因为它表示沿任何方向 h 的正反两侧逼近过来都有导数.

(iii) f 在 x_0 处 Fréchet 可微 $\Rightarrow$ Gâteaux 可微.

(iv) 设 f 是 $n+1$ 阶 Fréchet 可微的, 那么对于任何 $h \in X$, $t \in [0, 1]$ 都有如下 Taylor 公式:

$$f(x + h) = f(x) + D_x f(x)[h] + \frac{1}{2!} D_x^2 f(x)[h^2] + \cdots$$
$$+ \frac{1}{n!} D_x^n f(x)[h^n] + R_{n+1}(x, h),$$

而

$$R_{n+1}(x, h) = \frac{1}{n!} \int_0^1 (1-s)^n D_x^{n+1} f(x + sh)[h^{n+1}] \mathrm{d}s.$$

习　题　2

1. 请举一个一元连续函数的例子, 使得它仅在 0, 1 处不可导; 再举一例使它仅在这两点处可导.

2. 证明 Riemann 函数 $R(x)$ 在 $[0, 1]$ 上处处不可导.

3. 设 f 为 $[-1,1]$ 上的 Lipschitz 连续函数, 且对任意固定的 x 都有 $\lim\limits_{n\to\infty} nf\left(\dfrac{x}{n}\right) = 0$ 成立. 证明: $f'(0) = 0$.

4. 求下列函数的高阶导数: $\arctan x$, $x^{10}\arctan x$.

5. 设

$$f(x,y) = \begin{cases} \dfrac{1 - e^{x(x^2+y^2)}}{x^2 + y^2}, & (x,y) \neq (0,0), \\ 0, & (x,y) = (0,0). \end{cases}$$

求 f 在 $(0,0)$ 处的四阶 Taylor 公式, 以及 $\dfrac{\partial^2 f(0,0)}{\partial x \partial y}$, $\dfrac{\partial^4 f(0,0)}{\partial x^4}$.

6. 设

$$f(x) = \begin{cases} \dfrac{x}{1 + e^{\frac{1}{x}}}, & x \neq 0, \\ 0, & x = 0, \end{cases}$$

研究 $f(x)$ 在 $x = 0$ 处的连续性和可微性.

7. 两个重要的光滑函数.

$$f(x) := \begin{cases} e^{-\frac{1}{x^2}}, & x \neq 0, \\ 0, & x = 0; \end{cases} \qquad \eta(x) := \begin{cases} ce^{\frac{1}{x^2-1}}, & |x| < 1, \\ 0, & |x| \geqslant 1, \end{cases}$$

其中 $c > 0$ 使得 $\int_{\mathbb{R}} \eta(x)\mathrm{d}x = 1$. 证明 $f^{(n)}(0) = 0$, $\eta^{(n)}(\pm 1) = 0$ $(n = 1, 2, \cdots)$, 它们可以说明一个函数的 Taylor 级数不一定收敛于它本身.

8. 函数的光滑衔接.

(a) 函数 $f(x) = 0$ $(x \leqslant 0)$, $f(x) = 1$ $(x \geqslant 1)$. 试构造 $[0,1]$ 上的一个函数使之在 0, 1 处与 $f(x)$ 光滑连接. (提示: 可以利用上一题 (7 题), 作连接函数如下:

$$g(x) = \begin{cases} 0, & x = 0, \\ e \cdot e^{-\frac{1}{x^2}} \cdot \left(1 - e^{-\frac{1}{(x-1)^2}}\right), & 0 < x < 1, \\ 1, & x = 1, \end{cases}$$

则 $g \in C^\infty(\mathbb{R})$.)

(b) 函数 $f(x) = 0$ $(x \leqslant 0)$, $f(x) = x$ $(x \geqslant 0)$.

(1) 将此函数在 $x = 0$ 附近进行修正, 使得修正后的函数 $\tilde{f} \in C^1(\mathbb{R})$. (提示: 对任意 $\varepsilon > 0$, 可以用圆弧 $[x + (\sqrt{2} - 1)\varepsilon]^2 + (y - \varepsilon)^2 = \varepsilon^2$ 进行修正.)

(2) 用上一题 (7 题) 中的函数在 $x = 0$ 附近作修正, 使得修正后函数 $\hat{f} \in C^\infty(\mathbb{R})$. (提示: 用 $xg(x)$ 修正, 或者用如下磨光算子作卷积:

$$\hat{f}(x) := \varepsilon^{-1} \int_{\mathbb{R}} \eta\left(\frac{y-x}{\varepsilon}\right) f(y)\mathrm{d}y.$$

用磨光算子是偏微分方程中常用的简单统一的方法, 而且也适用于多元函数.)

9. 复合函数、隐函数求偏导.

(a) 已知 $z_{xx} + 2z_{xy} + z_{yy} = 0$, 作变量代换

$$\begin{cases} u = x + y, \\ v = x - y, \\ w = xy - z, \end{cases}$$

并视 $w = w(u, v)$, 求 w 满足的方程.

(b) 设 $f(x, y) \in C^1, f_y(0, 1) \neq 0, f(0, 1) = 0$, 证明

$$f\left(x, \int_0^t \sin r\mathrm{d}r\right) = 0$$

在点 $\left(0, \dfrac{\pi}{2}\right)$ 附近可确定一个单值函数 $t = \varphi(x)$, 并求 $\varphi'(0)$.

(c) 设 $u(x, y)$ 由 $\begin{cases} u = f(x, y, z, t), \\ g(y, z, t) = 0, \\ h(z, t) = 0 \end{cases}$ 确定, 其中 $f, g, h \in$

C^1, $\dfrac{\partial(g, h)}{\partial(z, t)} \neq 0$, 求 $\dfrac{\partial u}{\partial y}$.

(d) 设 $u(x_1, x_2, x_3)$ 是一个光滑的三元函数, 用球坐标来表达 $\Delta u := u_{x_1 x_1} + u_{x_2 x_2} + u_{x_3 x_3}$, 并写出球对称情况下的表达式.

10. 用 Taylor 公式证明 e, π, $\sin 1$ 为无理数.

11. 判断 e^π 与 π^e 的大小关系.

12. 以 $S(x)$ 表示由三点 $(a, f(a))$, $(b, f(b))$, $(x, f(x))$ 组成的三角形的面积, 对 $S(x)$ 用 Rolle 定理证明 Lagrange 中值定理.

13. 证明一元函数 $f(x)$ 在 I 上严格凸的充分必要条件是: 对 I 上的任何三点 $x_1 < x_2 < x_3$, 都有

$$\Delta := \begin{vmatrix} 1 & x_1 & f(x_1) \\ 1 & x_2 & f(x_2) \\ 1 & x_3 & f(x_3) \end{vmatrix} > 0.$$

14. 不等式的证明.

(a) 设 $f \in C^2([0, 1])$, $f(0) = f(1) = 0$, $\min\limits_{0 \leqslant x \leqslant 1} f(x) = -1$, 证明 $\max\limits_{0 \leqslant x \leqslant 1} f''(x) \geqslant 8$.

(b) 设 $f \in C^2([0, 1])$, $f(0) = f(1) = 0$, $|f''(x)| \leqslant M$, 证明 $|f'(x)| \leqslant \dfrac{M}{2}$.

(c) 设 $f \in C^2(\mathbb{R})$, $M_k := \sup\limits_{x \in \mathbb{R}} |f^{(k)}(x)| < +\infty$ $(k = 0, 1, 2)$, 证明

(1) 朗道 (Landau) 不等式 $M_1^2 \leqslant 2 M_0 M_2$;

(2) 对任意 $\varepsilon > 0$ 都有 $M_1 \leqslant \varepsilon M_2 + \dfrac{2}{\varepsilon} M_0$.

(d) 证明 $\sin x \cdot \sin y \cdot \sin(x + y) \leqslant \dfrac{3\sqrt{3}}{8}$ $(0 < x, y < \pi)$.

(e) 求 $f(x, y, z) = xyz$ 在条件 $\dfrac{1}{x} + \dfrac{1}{y} + \dfrac{1}{z} = \dfrac{1}{r}$ $(x, y, z, r > 0)$ 下的极小值, 并证明

$$3 \left(\dfrac{1}{a} + \dfrac{1}{b} + \dfrac{1}{c} \right)^{-1} \leqslant \sqrt[3]{abc} \quad (a, b, c > 0).$$

(f) 求 $f(x,y,z) = \ln x + 2\ln y + 3\ln z$ 在球面 $\{(x,y,z) \mid x^2+y^2+z^2 = 6r^2,\ x,y,z > 0\}$ 上的极大值, 并证明: 当 $a,b,c > 0$ 时,

$$ab^2c^3 < 108\left(\frac{a+b+c}{6}\right)^6.$$

(g) 设 $a_1, a_2, \cdots, a_n$ 为 n 个已知的正数, 求函数 $f(x_1, x_2, \cdots, x_n) = a_1x_1 + a_2x_2 + \cdots + a_nx_n$ 在曲面 $S: x_1^\alpha + x_2^\alpha + \cdots + x_n^\alpha = 1$ 上的最大值, 其中 $\alpha > 1$. 并由此证明求和形式的 Hölder 不等式.

15. 证明存在一点具有特定性质.

(a) 设 $f \in C([a,b]) \bigcap C^1((a,b))$, 且 $f(b) > f(a)$, $c = \dfrac{f(b) - f(a)}{b - a}$, 证明要么 $f(x) \equiv f(a) + c(x - a)$, 要么存在 $y \in (a,b)$ 使得 $f'(y) > c$.

(b) 设 $f \in C^2([a,b])$, 且 $f'\left(\dfrac{a+b}{2}\right) = 0$, 证明

(1) 存在 $y_1 \in (a,b)$ 使得 $f''(y_1) \geqslant \dfrac{4}{(b-a)^2}|f(b) - f(a)|$, 并说明常数 4 是最优的;

(2) 若 $f(x)$ 非常数, 则存在 $y_2 \in (a,b)$ 使得 $|f''(y_2)| > \dfrac{4}{(b-a)^2}|f(b) - f(a)|$.

(c) 设 $f(x) \in C([0,1])$, 证明存在 $y \in [0,1]$, 使得

$$\int_0^y f(x)\mathrm{d}x = (1 - y)f(y).$$

(d) 设 f 在 $[0,1]$ 上两阶可导 (不假定两阶导数连续), $f(0) = 0$, $f'(0) = 1$, $f(1) = \tan 1$. 证明存在 $y \in (0,1)$ 使得 $f''(y) = 2f(y)f'(y)$. (提示: 用反证法考虑 $f' - f^2$, 由 Darboux 定理其导数恒为正或者负.)

(e) 已知 $f(x)$ 在 $[0,1]$ 上二阶可导, $f(1) > 0$, $\lim\limits_{x \to 0}\dfrac{f(x)}{x} = 0$. 证明:

(1) $f(x)$ 在 $(0,1)$ 内至少有一个根;

(2) $f(x)f''(x) + (f'(x))^2 = 0$ 在 $[0,1]$ 上至少有两个根.

(f) 设 $\lambda > 0$, $f(x)$ 在 $[a,b]$ 上连续, 在 (a,b) 内可导, 在某点 $c \in (a,b)$ 导数为 0. 证明存在一点 $y \in (a,b)$ 使得 $f'(y) = \lambda(f(y) - f(a))$. (提示: 对 $f'(x) - \lambda(f(x) - f(a))$ 用 Darboux 定理.)

(g) 设 $f \in C([0,1]) \bigcap C^1((0,1))$, 且

$$f(1) = k \int_0^{1/k} x\mathrm{e}^{1-x} f(x)\mathrm{d}x \quad (k > 1),$$

证明存在 $y \in (0,1)$ 使得

$$f'(y) = \left(1 - \frac{1}{y}\right) f(y).$$

(h) 设 B_1 为 $\mathbb{R}^2$ 中的闭单位圆盘, $f \in C^1(B_1)$, $|f(x,y)| \leqslant 1$, 证明存在 $(x_0, y_0) \in B_1$ 使得 $|\nabla f(x_0, y_0)|^2 = [f_x(x_0, y_0)]^2 + [f_y(x_0, y_0)]^2 \leqslant 16$.

16. 设关系式 $x^2 + 2y^2 + 3z^2 - 2xy - 2yz - 2 = 0$ 可以确定隐函数 $z = z(x,y)$, 求其极值.

17. 设 $f(x)$ 在 $\mathbb{R}$ 上连续可微, 且

$$f(x+1) - f(x) = f'(x) \quad (\forall\, x \in \mathbb{R}), \qquad \lim_{x \to +\infty} f'(x) = c.$$

则 $f'(x) \equiv c$. (提示: 考虑集合 $E_x = \{y \in \mathbb{R} \mid f'(y) = f'(x)\}$, 证明其上确界为无穷.)

18. 设 $f(x) \in C^2((0,\infty))$, $f(0) = f'(0) = 0$ 且 $f''(x) > 0$, 又设 $u(x)$ 表示曲线 $y = f(x)$ 在点 $(x, f(x))$ 处的切线在 x 轴上的截距, 试求极限:

$$\lim_{x \to 0^+} \frac{xf[u(x)]}{u(x)f(x)}.$$

19. 设 $f(x) \in C([1,+\infty)) \bigcap C^1((1,+\infty))$, $\mathrm{e}^{-x^2} f'(x)$ 在 $(1,+\infty)$ 上有界. 证明: $x\mathrm{e}^{-x^2} f(x)$ 也在 $(1,+\infty)$ 上有界.

20. 设 $f(x)$ 在 $\mathbb{R}$ 上可导, $\lim\limits_{x\to\infty}[f(x)+f'(x)] = A$. 证明 $\lim\limits_{x\to\infty} f(x) = A$, $\lim\limits_{x\to\infty} f'(x) = 0$.

21. 设 $f(x)$ 在 $(a,+\infty)$ 上可导, $\lim\limits_{x\to+\infty}(f(x)+xf'(x)\ln x) = 2$. 证明 $\lim\limits_{x\to+\infty} f(x) = 2$.

22. 设 $f(0) = 0$, $f(x)$ 在 $[0,+\infty)$ 上可微且满足条件: $|f'(x)| \leqslant L|f(x)|$. 试证明在 $[0,+\infty)$ 上有 $f(x) \equiv 0$.

23. 设 $f(x)$ 在 $(x_0 - \delta, x_0 + \delta)$ 内是三阶连续可微的, $f''(x_0) = 0$, $f'''(x_0) \neq 0$, 当 $0 \neq |h| < \delta$ 时, 有

$$\frac{f(x_0 + h) - f(x_0)}{h} = f'(x_0 + h\theta(h)) \quad (0 < \theta(h) < 1).$$

证明: $\lim\limits_{h\to 0}\theta(h) = \sqrt{\dfrac{1}{3}}$.

24. 设 $f(x+h) = f(x)+hf'(x)+\cdots+\dfrac{h^n}{n!}f^{(n)}(x+\theta h)$ $(0 < \theta < 1)$, 且 $f^{(n+1)}(x) \neq 0$. 证明: $\lim\limits_{h\to 0}\theta = \dfrac{1}{n+1}$.

25. 已知 A,B,C 为常数, 且 $B^2 - 4AC \geqslant 0$, $C \neq 0$, 试通过 $\xi = x+\lambda y, \eta = x+\mu y$ 将方程 $Au_{xx}+2Bu_{xy}+Cu_{yy} = 0$ 变换成以 ξ,η 为自变量的最简形式.

26. 设 $f(0) = 0$, $f(1) = 1$, 泛函 $J(f) := \int_0^1 |f'(x) - f(x)|^2 \mathrm{d}x$. 求其最小值 $\inf\limits_{f\in C^1([0,1])} J(f)$.

27. 设 Ω 是 $\mathbb{R}^2$ 中的有光滑边界的有界集, $c(x,y) \leqslant 0$, $u(x,y) \in C^2(\overline{\Omega})$, 在 Ω 上不恒为 0, 且满足

$$\frac{\partial^2 u}{\partial x^2} + \frac{\partial^2 u}{\partial y^2} + a\frac{\partial u}{\partial x} + b\frac{\partial u}{\partial y} + cu = 0.$$

则 $u(x,y)$ 在 Ω 内部不可能取到非负最大值或非正最小值.

第3章 不定积分与常微分方程

3.1 不定积分

55. 不定积分的定义

$f(x)$ 在区间 I 上有不定积分, 即 $f(x)$ 有原函数 $F(x)$.

56. 不定积分存在的充分与必要条件

(i) 充分条件: f 连续.

(ii) 必要条件: f 满足介值定理 (因为它是某个函数 F 的导函数). f 可能不连续, 但是没有第一类间断点.

57. 例题

下面的例子表明, 一个无界振荡函数也可以有原函数.

$$F(x) = \begin{cases} x^2 \sin \dfrac{1}{x^2}, & 0 < |x| \leqslant 1, \\ 0, & x = 0, \end{cases}$$

$$F'(x) = \begin{cases} 2x \sin \dfrac{1}{x^2} - \dfrac{2}{x} \cos \dfrac{1}{x^2}, & 0 < |x| \leqslant 1, \\ 0, & x = 0. \end{cases}$$

58. 求导与不定积分

(i) 函数求导容易, 求不定积分 (原函数) 困难.

(ii) 常用公式表.

(iii) 原函数不能表为初等函数的例子 (即不定积分积不出来的例子):

$$\mathrm{e}^{x^2}, \quad \frac{\sin x}{x}, \quad \sin x^2, \quad \frac{1}{\ln x},$$

$$\sqrt{1 + x^3}, \quad \sqrt{1 - k^2 \sin^2 x} \ (0 < k < 1), \quad \cdots.$$

59. 求不定积分的办法

(i) **凑微分法 (第一换元)** $\displaystyle\int f(\varphi(x))\varphi'(x)\mathrm{d}x = \int f(u)\mathrm{d}u.$

(ii) **(第二) 换元法** $\displaystyle\int f(x)\mathrm{d}x = \int f(g(t))g'(t)\mathrm{d}t.$ 常用的换元法: 三角函数、万能代换 $\left(t = \tan\dfrac{x}{2}\right)$ 等.

(iii) **分部积分法**

注　两类换元法本质上是一样的, 都是把 "(在积分意义下) 一堆看上去不容易的部分" 整体设为一个新的变量. 有人总结可以先进行部分积分的次序为 "反对幂指三".

例题

(1) $\displaystyle\int \frac{\mathrm{d}x}{\sqrt{1 + \mathrm{e}^x}}$, 可以设 $y = \sqrt{1 + \mathrm{e}^x}$.

(2) $\displaystyle\int \frac{\sqrt{x+1} - \sqrt{x-1}}{\sqrt{x+1} + \sqrt{x-1}}\mathrm{d}x$, 可以假设 $y = \sqrt{\dfrac{x+1}{x-1}}$.

60. 有理分式的积分

典型例子是

$$\int \frac{Ax + B}{(x^2 + px + q)^k}\mathrm{d}x \xlongequal{t = x + \frac{p}{2}} \int \frac{At + N}{(t^2 + r^2)^k}\mathrm{d}t.$$

61. "定积分存在" 及 "不定积分存在" 互不蕴含

(i) 不定积分存在 $\not\Rightarrow$ 定积分存在: 见前面第 57 条例题中

的 F, F' 在 $[-1, 1]$ 上无界, 所以无定积分.

(ii) 定积分存在 $\not\Rightarrow$ 不定积分存在: 符号函数 $\mathrm{sgn}(x)$ 在 $[-1, 1]$ 上.

62. 初等函数与非初等函数

(i) **代数函数**   满足代数方程

$$a_n(x)f^n(x) + a_{n-1}(x)f^{n-1}(x) + \cdots + a_1(x)f(x) + a_0(x) = 0$$

的解析函数, 其中 $a_k(x)$ 都是多项式. 这类函数的例子有多项式函数、平方根函数等.

(ii) **超越函数**   非代数函数的解析函数. 如三角、对数、指数、反三角、一些代数函数的不定积分等.

(iii) **初等函数**   基本初等函数、代数函数作有限次的算术和复合运算得到的函数.

3.2   常微分方程

常微分方程的初等积分法求解, 就是求不定积分的过程.

63. 通解与全部解

通解不一定是全部解, 通解之外可能还有奇解等. 但是, 对线性方程而言, 通解是全部解.

64. 可求解的方程

(i) **变量分离的方程** $f(x)\mathrm{d}x = g(y)\mathrm{d}y$.

(ii) **齐次方程** $y' = f\left(\dfrac{x}{y}\right)$.   (注意与 "线性齐次方程" 的区别).

(iii) **一阶线性方程** (系数可以是常系数也可以是非常系数)

$y' + p(x)y = q(x)$, 其中 p, q 均为连续函数. 特别要熟悉如下变换:

$$[y' + p(x)y] \cdot \mathrm{e}^{\int p(x)\mathrm{d}x} = \left(y\mathrm{e}^{\int p(x)\mathrm{d}x} \right)'.$$

(iv) **伯努利 (Bernoulli) 方程** $y' + p(x)y = q(x)y^{\alpha}$ $(\alpha \neq 0)$ (其中 p, q 均为连续函数), 可以化为一阶线性方程来处理.

(v) **里卡蒂 (Riccati) 方程** $y' = p(x)y^2 + q(x)y + r(x)$ (其中 p, q, r 均为连续函数, 且 $p(x)$ 不恒为零). 如果知道一个特解, 就可以用积分法求通解.

对于 $y' = y^2 + bx^m$, 丹尼尔·伯努利 (Daniel Bernoulli) 于 1725 年证明了: 当

$$m = 0, \quad -2, \quad \frac{-4k}{2k \pm 1} \quad (k = 1, 2, \cdots)$$

时, 可以用初等积分法求解. 刘维尔 (Liouville) 于 1841 年又证明这个条件也是必要的, 特别地, $y' = x^2 + y^2$ 不能用初等积分法求解.

(vi) **全微分方程/恰当方程** $\mathrm{d}u(x, y) = M(x, y)\mathrm{d}x + N(x, y)\mathrm{d}y = 0$, 积分因子及其求法.

(vii) **克莱罗 (Clairaut) 方程** $y = xy' + f(y')$, 奇解与包络.

65. 可降阶的高阶方程

$$y^{(n)} = f(x), \quad F(x, y', y'') = 0, \quad F(y, y', y'') = 0 \quad \text{等等}.$$

66. 高阶线性常微分方程

高阶线性常微分方程分为常系数的和非常系数的、齐次的和非齐次的:

$$y^{(n)} + a_1(x)y^{(n-1)} + \cdots + a_{n-1}(x)y' + a_n(x)y = f(x).$$

非常系数的方程可以讨论解空间的结构等, 但是通常无法求出解析解. 常系数线性方程可以求解, 步骤如下.

(1) 首先求齐次方程的通解: 利用特征方程的特征值求出基本解组, 或者化成一阶常系数齐次线性方程组求基解矩阵, 再进行线性组合即可.

(2) 再求非齐次方程的一个特解: 常数变易法, 根据非齐次项的形式利用待定系数法, 利用算子解法, 化成一阶方程组求解等等.

67. 欧拉方程

欧拉 (Euler) 方程, 形如

$$x^n y^{(n)} + p_1 x^{n-1} y^{(n-1)} + \cdots + p_{n-1} x y' + p_n y = f(x).$$

作变换 $x = \mathrm{e}^t$　即可化为常系数的方程.

68. 常系数一阶线性方程组的求解

可以通过求特征值和基本解组解决.

69. 常微分方程的一般理论

以上各条都是常微分方程求解的相关内容, 自从 1841 年 Liouville 证明了 $y' = x^2 + y^2$　不能用初等积分法求解之后, 人们开始致力于研究解的存在性、唯一性、对初值的连续依赖性等适定性内容, 以及平衡解的稳定性、定性理论等. 下面列举一些有关内容.

(i) 一阶方程 (组) 初值问题的皮卡 (Picard) 存在唯一性定理 (重要 !).

(ii) 一阶方程 (组) 初值问题的 Peano 存在性定理.

(iii) 一阶方程 (组) 初值问题解的延拓定理、解对初值和参数的连续依赖性.

(iv) 二阶线性方程两点边值问题的特征值与特征函数, 即施图姆—刘维尔 (Sturm-Liouville) 理论.

(v) 相平面与奇点分类、动力系统.

(vi) 平衡解的李雅普诺夫 (Lyapunov) 稳定性、线性稳定性.

第 4 章 积 分 学

4.1 定积分、重积分、第一类线/面积分的统一定义与计算

70. 三维空间内的积分类型

区域	积分名称	意义
$\mathbb{R}^1$ 中的区间 $[a, b]$	定积分	平面曲边梯形的面积、非均匀直线段的质量
$\mathbb{R}^2$ 中的曲线 C (一维)	第一类曲线积分	弯曲柱面的面积、非均匀平面曲线的质量
$\mathbb{R}^2$ 中的区域 D (二维)	二重积分	曲顶柱体的体积、平面非均匀薄板的质量
$\mathbb{R}^3$ 中的曲线 C (一维)	第一类曲线积分	三维空间非均匀曲线的质量
$\mathbb{R}^3$ 中的曲面 S (二维)	第一类曲面积分	三维空间非均匀薄板的质量
$\mathbb{R}^3$ 中的区域 Ω (三维)	三重积分	三维空间非均匀物体的质量

其他有物理意义的积分类型还包括: 转动惯量、重心、非均价材质的总价格等等.

71. 统一定义

设 Ω 是上述 6 种区域中的任何一种, f 在 Ω 上的 **Riemann** 积分 $\displaystyle\int_{\Omega} f(x)\mathrm{d}x$ 存在的意思是

(1) **分割** T 将 Ω 切割成小段、小片或小块 Ω_i ($i =$

$1, 2, \cdots, n$), 每一小块的测度记为 $|\Omega_i|$, 并记

$$\|T\| := \max_i \operatorname{diam}(\Omega_i),$$

其中 $\operatorname{diam}(\Omega_i)$ 为 Ω_i 的直径;

(2) **取近似** 在每一小块上任取一点 ξ_i;

(3) **求和** 作 Riemann 积分和

$$\sigma = \sigma(T, \xi_1, \cdots, \xi_n) := \sum_{i=1}^{n} f(\xi_i) \cdot |\Omega_i|;$$

(4) **求极限** 设 $\lim\limits_{\|T\| \to 0} \sigma(T, \xi_1, \cdots, \xi_n) = J$ 存在, 且 J 与 T 和 ξ_i 的取法无关.

72. 可积的条件

(i) 充分必要条件: Darboux 上和 $\sum\limits_{i=1}^{n} \left[\sup\limits_{x \in \Omega_i} f(x) \right] \cdot |\Omega_i|$ 与 Darboux 下和 $\sum\limits_{i=1}^{n} \left[\inf\limits_{x \in \Omega_i} f(x) \right] \cdot |\Omega_i|$ 都趋于同一个极限.

(ii) 充分条件包括: 整个区域可分成有限个子部分, 函数在每一部分上都连续有界.

(iii) Riemann 可积的充分必要条件: 有界区间上的有界函数 Riemann可积当且仅当其不连续点集为零测度集 (参见文献 [5]).

(iv) 定积分存在的充分条件: $f(x)$ 连续; 或者单调; 或者有有限个间断点; 或者间断点有可列个, 且间断点列收敛. 例如, 对于 $\mathbb{R}$ 上的任意点列 (包括有理数点列) $\{x_n\}$, 函数

$$f(x) = \sum_{x_n < x}^{\infty} \frac{1}{2^n}, \quad \forall\, x \in \mathbb{R}$$

单调, 在 $\{x_n\}$ 上间断, 其他点上连续, 因此在任何闭区间上可积.

(v) 定积分存在的必要条件: 在一个区间上可积的函数, 其

连续点集稠密 (见习题 4 第 1 题).

(vi) 与不定积分的关系: 导函数可求不定积分, 但不一定可积, 即使它是有界的 (参见第 61 条).

73. 例题

Dirichlet 函数 $D(x) = \begin{cases} 1, & x \in Q, \\ 0, & x \in Q^c \end{cases}$ 在 $[0,1]$ 上不是 Riemann 可积的, 但是 Lebesgue 可积.

74. 富比尼 (Fubini) 定理

Fubini 定理　设二元函数 $f(x,y)$ 在矩形 $[a,b] \times [c,d]$ 上可积, 则两个累次积分都存在, 且都等于这个二重积分.

75. 计算方法或公式

(i) **定积分**　微积分基本定理, 即 Newton-Leibniz 公式:

$$\int_a^b f(x)\mathrm{d}x = F(b) - F(a).$$

使其成立的条件一种是 $f(x) \in C([a,b])$; 另一种是 $F(x)$ 在 $[a,b]$ 上点点可导, 且 $F'(x) = f(x)$ 在 $[a,b]$ 上可积, 也就是 $f(x)$ 既有不定积分又可求定积分. 其证明可见文献 [5], 简述如下:

$$\begin{aligned} F(b) - F(a) &= \lim_{n\to\infty} \sum_{k=1}^n \left[F\left(a + \frac{k(b-a)}{n}\right) \right. \\ &\qquad \left. - F\left(a + \frac{(k-1)(b-a)}{n}\right) \right] \\ &= \lim_{n\to\infty} \sum_{k=1}^n f(\xi_k) \frac{b-a}{n} \\ &\qquad \left(\xi_k \in \left(a + \frac{(k-1)(b-a)}{n}, \ a + \frac{k(b-a)}{n}\right) \right) \end{aligned}$$

$$= \int_a^b f(x)\mathrm{d}x.$$

注 需要指出的是: Newton-Leibniz 公式只是 Gauss 公式 (散度定理, 参见第 78 条) 在一维空间的特例, 而 Gauss 公式有清楚的物理意义, 容易理解也容易记忆.

(ii) **重积分** 通过区域分解化为累次积分. 有时一种积分次序比另一种会简单.

(iii) **第一类曲线积分** 设曲线 C 的参数方程为 $x = X(t)$, $y = Y(t)$, $z = Z(t)$, $t \in [a,b]$, 则

$$\int_C f(x,y,z)\mathrm{d}s = \int_a^b f(X(t),Y(t),Z(t))$$
$$\times \sqrt{X'^2(t) + Y'^2(t) + Z'^2(t)}\,\mathrm{d}t.$$

(iv) **第一类曲面积分** 设曲面 S 为函数 $z = Z(x,y)$, $(x,y) \in D$ 的图像, 则

$$\iint_S f(x,y,z)\mathrm{d}S = \iint_D f(x,y,Z(x,y))\sqrt{1 + Z_x^2 + Z_y^2}\,\mathrm{d}x\mathrm{d}y.$$

76. 中值定理

(i) **第一中值定理** 若 f,g 都在 $[a,b]$ 上连续, 且 g 在 $[a,b]$ 上不变号, 则存在 $\xi \in (a,b)$ 使得

$$\int_a^b f(x)g(x)\mathrm{d}x = f(\xi)\int_a^b g(x)\mathrm{d}x.$$

(ii) **第二中值定理** 设 f 在 $[a,b]$ 上可积, 且 g 在 $[a,b]$ 上非负单减 (增), 则存在 $\xi \in (a,b)$ 使得

$$\int_a^b f(x)g(x)\mathrm{d}x = g(a)\int_a^\xi f(x)\mathrm{d}x \quad \left(= g(b)\int_\xi^b f(x)\mathrm{d}x\right).$$

4.2 第二类线/面积分的定义与计算

以下总假设 $\mathbf{A}(x,y,z) = (P(x,y,z), Q(x,y,z), R(x,y,z))$ 是三维空间某区域上的光滑向量场.

77. 定义与计算法

设 D 为三维有界连通区域, 其表面 S 分片光滑, 用 $\mathbf{n}$ 表示 S 上的单位外法向. 那么通过 S 的微面积 $\mathrm{d}S$ 由内向外的**通量**为 $\mathbf{A} \cdot \mathbf{n}\,\mathrm{d}S$, 从而通过整个表面流出的通量为

$$\iint_S \mathbf{A} \cdot \mathbf{n}\mathrm{d}S.$$

这属于第一类曲面积分. 规定记号:

$$\mathbf{dS} := \mathbf{n}\mathrm{d}S = (\mathbf{n} \cdot \mathbf{i},\ \mathbf{n} \cdot \mathbf{j},\ \mathbf{n} \cdot \mathbf{k})\mathrm{d}S =: (\mathrm{d}y\mathrm{d}z, \mathrm{d}z\mathrm{d}x, \mathrm{d}x\mathrm{d}y),$$

那么上述通量可以写成以下三种形式

$$\iint_S \mathbf{A} \cdot \mathbf{n}\mathrm{d}S = \iint_S \mathbf{A} \cdot \mathbf{dS} = \iint_S (P,Q,R) \cdot (\mathrm{d}y\mathrm{d}z, \mathrm{d}z\mathrm{d}x, \mathrm{d}x\mathrm{d}y).$$

后两种积分表达都是**第二类曲面积分**.

注 1 以此式中的第二个或第三个式子作为第二类曲面积分的定义. 对于最后一个式子中只有两项 (或者一项) 的情况理解为另外一项 (或者两项) 为零. 对于平面向量场, 将 R 视为零即可.

注 2 关于第二类曲面积分的计算, 可以使用上面的定义和符号, 转化成左边的第一类曲面积分进行运算. 当曲面封闭 (或者可以补充封闭) 时, 又可以进一步使用下面的 Gauss 公式转化为三重积分进行计算.

78. Gauss 公式, 又称**散度定理**、**奥斯特罗格拉德斯基-高斯 (Ostrogradsky-Gauss) 公式**

一个向量场在区域 D 内的散度等于通过其表面的通量, 即

$$\iiint_D \text{div}\mathbf{A}\,\mathrm{d}x\mathrm{d}y\mathrm{d}z = \iint_S \mathbf{A}\cdot\mathbf{n}\mathrm{d}S.$$

79. 环流量与第二类曲线积分

设 S 为三维空间的一个双侧曲面, 取定其中一侧为正侧, 其外法向记为 $\mathbf{n}$, 记 L 为其有向边界, 其取向与 $\mathbf{n}$ 满足右手法则, L 上的单位切向量记为 $\mathbf{T}$. 称

$$\oint_L \mathbf{A}\cdot\mathbf{T}\,\mathrm{d}s$$

为向量场 $\mathbf{A}$ 沿着 L 的 "环流量", 这属于第一类曲线积分. 下面规定一些记号:

$$\mathbf{ds} := \mathbf{T}\mathrm{d}s = (\mathrm{d}x, \mathrm{d}y, \mathrm{d}z),$$

那么上述环流量可以写成以下三种形式

$$\oint_L \mathbf{A}\cdot\mathbf{T}\mathrm{d}s = \oint_L \mathbf{A}\cdot\mathbf{ds} = \oint_L (P, Q, R)\cdot(\mathrm{d}x, \mathrm{d}y, \mathrm{d}z).$$

后两种积分表达就是**第二类曲线积分**.

注 上面 77 条的注 1 和注 2 仍然类似成立.

80. 斯托克斯 (Stokes) 公式

$$\iint_S \text{rot}\mathbf{A}\cdot\mathbf{dS} = \oint_L \mathbf{A}\cdot\mathbf{T}\mathrm{d}s = \oint_L \mathbf{A}\cdot\mathbf{ds}.$$

4.3　Gauss 公式、Stokes 公式与 Green 公式

81.　Green 公式

积分学部分被称为 Green 公式的等式有好几个, 在多元微积分、偏微分方程中应用频繁, 需要区分一下.

(i) **Green 公式**　它是联系二重积分与第二类曲线积分的一个公式, 本质上就是二维的散度定理:

$$\iint_D \left(\frac{\partial Q}{\partial x} - \frac{\partial P}{\partial y} \right) \mathrm{d}x\mathrm{d}y = \oint_{\partial D} P\mathrm{d}x + Q\mathrm{d}y.$$

(ii) **Green 第一公式**　它相当于多元函数的分部积分公式:

$$\iiint_\Omega u\Delta v \, \mathrm{d}x\mathrm{d}y\mathrm{d}z = \iint_{\partial\Omega} u\frac{\partial v}{\partial \mathbf{n}}\mathrm{d}S - \iiint_\Omega \nabla u \cdot \nabla v \, \mathrm{d}x\mathrm{d}y\mathrm{d}z.$$

(iii) **Green 第二公式**　它是第一公式的衍生形式:

$$\iiint_\Omega (u\Delta v - v\Delta u) \, \mathrm{d}x\mathrm{d}y\mathrm{d}z = \iint_{\partial\Omega} \left(u\frac{\partial v}{\partial \mathbf{n}} - v\frac{\partial u}{\partial \mathbf{n}} \right) \mathrm{d}S.$$

82.　Gauss 公式 ⇒ Green 公式

假设 $\mathbf{B}(x,y) = (Q(x,y), -P(x,y))$ 是平面区域 D 中的光滑向量场, 用 L 表示 D 的边界, $\mathbf{n}$ 表示 L 上的单位外法向, $\mathbf{T}$ 表示边界 L 的正向 (逆时针方向) 的单位切向量. 那么 $\mathbf{n} = (a,b)$ 蕴含 $\mathbf{T} = (-b,a)$. 在二维空间使用 Gauss 公式得

$$\iint_D (Q_x - P_y)\mathrm{d}x\mathrm{d}y = \iint_D \mathrm{div}\mathbf{B}\mathrm{d}x\mathrm{d}y = \oint_L \mathbf{B} \cdot \mathbf{n}\mathrm{d}s$$
$$= \oint_L (Q, -P) \cdot \mathbf{n}\mathrm{d}s = \oint_L (P,Q) \cdot \mathbf{T}\mathrm{d}s.$$

此即为 Green 公式.

83.　Stokes 公式 ⇒ Green 公式

假设向量场 $\mathbf{A} = (P, Q, 0)$ 在平面有界连通区域 D 中光滑,
用 L 表示 D 的边界, $\mathbf{T}$ 表示边界正向 (逆时针方向) 的单位切
向量. 那么

$$\mathrm{d}z = 0, \quad \mathbf{dS} = (0, 0, \mathrm{d}x\mathrm{d}y).$$

在 D 中使用 Stokes 公式得

$$\oint_L \mathbf{A} \cdot \mathbf{T}\mathrm{d}s = \iint_D \mathrm{rot}\mathbf{A} \cdot \mathbf{dS} = \iint_D (Q_x - P_y)\mathrm{d}x\mathrm{d}y.$$

这也是 Green 公式.

84. Gauss 公式 ⇒ Green 第一公式

在 Gauss 公式中只要取 $\mathbf{A} = u\nabla v$ 即可得 Green 第一公式.

习　题　4

1. 一些需要注意的性质.

(a) 设 $f(x)$ 在 $[0, 1]$ 上非负连续, 若 $\displaystyle\int_0^1 f(x)\mathrm{d}x = 0$,
则 $f(x) \equiv 0$.

(b) 设 $f(x)$ 在 $[0, 1]$ 上非负可积, 则 $\displaystyle\int_0^1 f(x)\mathrm{d}x = 0 \Leftrightarrow f(x)$
在连续点处都为 0.

(c) 设 $f(x) \in C([0, 1])$, 且 $\displaystyle\int_0^1 f(x)g(x)\mathrm{d}x = 0$ ($\forall\, g \in C([0, 1])$), 则 $f(x) \equiv 0$.

(d) 设 $f(x)$ 在 $[0, 1]$ 上可积, 则 $f(x)$ 的连续点稠密.

2. 求积分.

(a) $\displaystyle\int_0^{2\pi} \frac{\mathrm{d}x}{2 + \sin x}$.

(b) $2 \int_{-\frac{\pi}{4}}^{\frac{\pi}{4}} \frac{\sin^2 x}{1 + \mathrm{e}^{-x}} \mathrm{d}x.$

(提示: 利用 $\int_a^b f(x)\mathrm{d}x = \int_a^b f(a+b-x)\mathrm{d}x = \int_a^{\frac{a+b}{2}} [f(x) + f(a+b-x)]\mathrm{d}x.$)

(c) $\int_0^\pi f(x)\mathrm{d}x$, 其中 $f(x) = \int_0^x \frac{\sin t}{\pi - t}\mathrm{d}t.$

(d) $\iiint_D \mathrm{e}^{|z|}\mathrm{d}x\mathrm{d}y\mathrm{d}z$, 其中 $D: \frac{x^2}{a^2} + \frac{y^2}{b^2} + \frac{z^2}{c^2} \leqslant 1.$

(e) $\iint_D \frac{(x+y)\ln\left(1 + \frac{y}{x}\right)}{\sqrt{1-x-y}}\mathrm{d}x\mathrm{d}y$, 其中 D 为 x 轴、y 轴和直线 $x+y=1$ 围成的区域.

(f) $I = \int_1^2 \mathrm{d}x \int_{\sqrt{x}}^x \sin\frac{\pi x}{2y}\mathrm{d}y + \int_2^4 \mathrm{d}x \int_{\sqrt{x}}^2 \sin\frac{\pi x}{2y}\mathrm{d}y.$

(g) $I_{m,n} := \int_0^1 x^m (\ln x)^n \mathrm{d}x$, $m, n \in \mathbb{N}.$

3. 不经过计算直接判断积分的符号.

(a) $\int_0^{\sqrt{2\pi}} \sin x^2 \mathrm{d}x.$

(b) $\int_0^{2\pi} \frac{\sin x}{x}\mathrm{d}x.$

4. 设 $f(x) \in C([a,b])$, 且 $\int_a^b f(x)\mathrm{d}x = \int_a^b xf(x)\mathrm{d}x = 0.$ 证明 f 在 (a,b) 内至少存在两个零点.

5. 设 $D = [0,1]^2$ 为平面上的单位正方形, 函数 $f(x,y)$ 在 D 上连续, 且满足以下条件 $\iint_D f(x,y)\mathrm{d}x\mathrm{d}y = 0$, $\iint_D xyf(x,y) = 1$. 证明存在 $(\xi, \eta) \in D$, 使得 $|f(\xi, \eta)| \leqslant \frac{1}{A}$, 其中

$$A = \iint_D \left|xy - \frac{1}{4}\right| \mathrm{d}x\mathrm{d}y = \frac{3}{32} + \frac{1}{8}\ln 2.$$

6. 设 $f(x) \in C([0,1]) \bigcap C^1((0,1))$, 且 $3\int_{\frac{2}{3}}^1 f(x)\mathrm{d}x = f(0).$ 证明 f 在 $(0,1)$ 内有临界点.

7. 设 $f, g \in C([a,b])$, 均为正, 证明

$$\lim_{n \to \infty} \left(\int_a^b [f(x)]^n g(x) \mathrm{d}x \right)^{1/n} = \max_{a \leqslant x \leqslant b} f(x).$$

本结论的一个推论就是: 如果 $f \in C([a,b])$, 那么 $\lim_{p \to \infty} \|f\|_{L^p([a,b])} = \|f\|_{C([a,b])}$.

8. 设 f 在 $[a,b]$ 上可积, 在 $x = b$ 处连续, 证明

$$\lim_{n \to \infty} \frac{n+1}{(b-a)^{n+1}} \int_a^b (x-a)^n f(x) \mathrm{d}x = f(b).$$

9. 设 $f(x), g(x)$ 在 $[a,b]$ 上连续, $f(x) \neq 0$, $g(x)$ 有正下界. 记 $d_n = \int_a^b |f(x)|^n g(x) \mathrm{d}x$ $(n = 1, 2, \cdots)$. 试证 $\lim_{n \to \infty} \frac{d_{n+1}}{d_n} = \max_{a \leqslant x \leqslant b} |f(x)|$.

10. 设 $f(x) \in C([0,1]) \bigcap C^1((0,1))$, 且 $f(0) = 0$, $0 < f'(x) \leqslant 1$. 证明

$$\left(\int_0^1 f(x) \mathrm{d}x \right)^2 \geqslant \int_0^1 f^3(x) \mathrm{d}x.$$

11. 设 $p, q > 1$, $\frac{1}{p} + \frac{1}{q} = 1$, f, g 在 $[a,b]$ 上可积, 则有如下 **Hölder 不等式**:

$$\left| \int_a^b f(x) g(x) \mathrm{d}x \right| \leqslant \left(\int_a^b |f(x)|^p \mathrm{d}x \right)^{1/p} \left(\int_a^b |g(x)|^q \mathrm{d}x \right)^{1/q}.$$

12. 设 $f \in C^1([a,b])$, $f(a) = f(b) = 0$, $p > 1$. 证明**庞加莱 (Poincaré) 不等式**

$$\int_a^b |f|^p \mathrm{d}x \leqslant C \int_a^b |f'(x)|^p \mathrm{d}x.$$

并证明 C 的最优值为 $\frac{(b-a)^2}{\pi^2}$. (提示: 可以考虑变分方法.)

13. 设 $f(x) \in C^1([a,b])$. 证明: 若 $f(a) = 0$ 或者 $f(b) = 0$,

则 $\displaystyle\int_a^b |f(x)f'(x)|\mathrm{d}x \leqslant \frac{b-a}{\pi}\int_a^b |f'(x)|^2\mathrm{d}x.$

14. 设 $f(x),\ g(x) \in C([a,b])$ 且单调增加. 证明

$$\int_a^b f(x)\mathrm{d}x \int_a^b g(x)\mathrm{d}x \leqslant (b-a)\int_a^b f(x)g(x)\mathrm{d}x.$$

15. 设 $f(x)$ 是 $[0,2]$ 上的非负上凸函数. 证明 $\displaystyle\int_0^2 f(x)\mathrm{d}x \geqslant \max_{x\in[0,2]} f(x).$

16. **Riemann-Lebesgue 引理**　设 f 在 $[a,b]$ 上可积, 证明

$$\lim_{\lambda\to+\infty}\int_a^b f(x)\sin(\lambda x)\mathrm{d}x = 0.$$

17. 设 Ω 为椭球 $(x+y)^2+(y+z)^2+(z+x)^2 \leqslant 1$, 求其体积.

18. 设 B_1 为三维空间中的单位闭球, 求 $\displaystyle\iiint_{B_1} \frac{1}{|x|^\alpha}\mathrm{d}x\mathrm{d}y\mathrm{d}z.$

19. 求由曲面 $y = (x^2+y^2)^2 + z^4$ 所围立体的体积.

20. 设 B_1 为平面单位圆盘, $f \in C^2(B_1)$, 且 $f_{xx}+f_{yy} = x^2+y^2$. 求

$$\iint_{B_1}\left(\frac{x}{\sqrt{x^2+y^2}}f_x + \frac{y}{\sqrt{x^2+y^2}}f_y\right)\mathrm{d}x\mathrm{d}y.$$

21. 设 L 为椭圆 $2x^2+y^2 = 1$, 方向逆时针. 求

$$\oint_L \frac{x\mathrm{d}y - y\mathrm{d}x}{3x^2+4y^2}.$$

22. 设 $\sigma > 0$, $\displaystyle I_R := \oint_{x^2+xy+y^2=R^2} \frac{x\mathrm{d}y-y\mathrm{d}x}{(x^2+y^2)^\sigma}.$ 求 $\displaystyle\lim_{R\to+\infty} I_R.$

23. 计算曲面积分 $I = \displaystyle\oint_L \sqrt{x^2+y^2}\mathrm{d}x + y[xy+\ln(\sqrt{x^2+y^2}+x)]\mathrm{d}y$, 其中 L 表示曲线 $y = \sin x$ 上由点 $A(2\pi,0)$ 到点 $B(3\pi,0)$ 的一段.

24. 计算 $\displaystyle\oint_L x^2\mathrm{d}s$, 其中 L 为曲面 $x^2+y^2+z^2 = a^2$ $(a >$

0) 与 $z = \sqrt{x^2 + y^2}$ 的交线.

25. 设 $\int_L xy^2\mathrm{d}x + y\varphi(x)\mathrm{d}y$ 与积分路径无关, 其中 $\varphi(x) \in C^1$, $\varphi(0) = 0$. 求 $\int_{(0,0)}^{(1,1)} xy^2\mathrm{d}x + y\varphi(x)\mathrm{d}y$.

26. 设 L 为一条平面上不自交的光滑闭曲线, $\mathbf{n}$ 表示其单位外法向. 求

$$\oint_L [x\cos(\mathbf{n}, \mathbf{i}) + y\cos(\mathbf{n}, \mathbf{j})]\mathrm{d}s.$$

27. 设 a, b, c 为正常数, S 为单位球面. 证明**泊松 (Poisson) 公式**:

$$\iint_S f(ax + by + cz)\mathrm{d}S = 2\pi \int_{-1}^{1} f\big(\sqrt{a^2 + b^2 + c^2}\, u\big)\mathrm{d}u.$$

28. 设 u 是 n 元函数, 在区域 D 上连续可微, 证明

$$\int_D u_{x_i}\mathrm{d}x = \int_{\partial D} u\,(\mathbf{n} \cdot \mathbf{e}_i)\mathrm{d}S.$$

29. 计算 $\iint_S (x+y)^{xy}\mathrm{d}x\mathrm{d}y$, 其中 S 是单位球面 $x \geqslant 0$, $y \geqslant 0$ 的部分, 并取球面外侧.

30. 设 L 是平面 $x + y + z = 1$ 与各坐标平面的交线, 取正向为: 沿向量 $(-1, -1, -1)$ 观察逆时针方向. 计算

$$\oint_L (2y + z)\mathrm{d}x + (x - z)\mathrm{d}y + (y - z)\mathrm{d}z.$$

31. 设 S 为不经过原点的光滑封闭曲面, 方向取外侧, 且 $a, b, c > 0$. 计算

$$I = \iint_S \frac{x}{(ax^2 + by^2 + cz^2)^{\frac{3}{2}}}\mathrm{d}y\mathrm{d}z + \frac{y}{(ax^2 + by^2 + cz^2)^{\frac{3}{2}}}\mathrm{d}y\mathrm{d}x$$
$$+ \frac{z}{(ax^2 + by^2 + cz^2)^{\frac{3}{2}}}\mathrm{d}x\mathrm{d}y.$$

32. 设 f 为 $[a, b]$ 上的正值可积函数, 证明存在 $c \in (a, b)$

使得

$$\int_a^c f(x)\mathrm{d}x = \int_c^b f(x)\mathrm{d}x = \frac{1}{2}\int_a^b f(x)\mathrm{d}x.$$

33. 设 B_1 为闭单位圆 $x^2 + y^2 \leqslant 1$, $f(x,y) \in C^1(B_1)$ 且有 $f(x,y) = 0$ $((x,y) \in \partial B_1)$. 则

$$\left|\iint_{B_1} f(x,y)\mathrm{d}x\mathrm{d}y\right| \leqslant \frac{\pi a^3}{3} \max_{(x,y) \in B_1} \left[\left(\frac{\partial f}{\partial x}\right)^2 + \left(\frac{\partial f}{\partial y}\right)^2\right]^{1/2}.$$

34. **Poincaré 不等式**　设 D 是由简单光滑闭曲线 L 围成的区域, $f(x,y) \in C^1(\overline{D})$, 且 $f(x,y) = 0$ $((x,y) \in L)$. 则

$$\iint_D f^2(x,y)\mathrm{d}x\mathrm{d}y$$
$$\leqslant \max_{\overline{D}}(x^2 + y^2) \cdot \iint_D \left[\left(\frac{\partial f}{\partial x}\right)^2 + \left(\frac{\partial f}{\partial y}\right)^2\right]^{1/2} \mathrm{d}x\mathrm{d}y.$$

35. **二阶常微分方程的两点边值问题**　考虑如下边值问题:

$$\begin{cases} u''(x) + f(x,u(x)) = 0, & 0 < x < 1, \\ u(0) = u(1) = 0, \end{cases}$$

其中, $f(x,y)$ 为 $[0,1] \times [0,1]$ 上的连续函数. 设

$$G(x,y) = \begin{cases} x(1-y), & 0 \leqslant x \leqslant y \leqslant 1, \\ y(1-x), & 0 \leqslant y \leqslant x \leqslant 1. \end{cases}$$

证明函数

$$u(x) := \int_0^1 G(x,y)f(y,u(y))\mathrm{d}y \in C^2([0,1])$$

是边值问题的解.

第5章 广义积分与级数

5.1 一元函数的广义积分与数项级数

85. 一元函数的广义积分 (反常积分)

$$\int_0^{+\infty} f(x)\mathrm{d}x, \quad \int_0^1 f(x)\mathrm{d}x, \quad \int_{-\infty}^{+\infty} f(x)\mathrm{d}x.$$

注 $\int_{-\infty}^{+\infty} f(x)\mathrm{d}x$ 收敛是指: 对于任何 $a \in \mathbb{R}$, $\int_{-\infty}^{a} f(x)\mathrm{d}x$ 和 $\int_a^{+\infty} f(x)\mathrm{d}x$ 都收敛.

86. 广义积分敛散性判别法

除定义外, 还有许多敛散性判别法. 以下以无穷积分为例进行说明, 0 不是瑕点.

(i) **Cauchy 收敛准则** $\int_0^{+\infty} f(x)\mathrm{d}x$ 收敛 $\Leftrightarrow$ 对任意给定的 $\varepsilon > 0$, 存在 $A_0 > 0$, 使得对任意的 $A_2 > A_1 > A_0$, 都有 $\left|\int_{A_1}^{A_2} f(x)\mathrm{d}x\right| < \varepsilon$.

(ii) **非负函数的比较判别法** 设在 $[0, +\infty)$ 上恒有 $0 \leqslant f(x) \leqslant K\varphi(x)$, 其中 K 是正常数, 则当 $\int_0^{+\infty} \varphi(x)\mathrm{d}x$ 收敛时, $\int_0^{+\infty} f(x)\mathrm{d}x$ 也收敛.

(iii) **比较判别法的极限形式** 设存在 $a > 0$ 使得 $f(x) \geqslant$

0 和 $\varphi(x) \geqslant 0$ 在 $[a, +\infty)$ 上成立, 且 $\lim\limits_{x \to +\infty} \dfrac{f(x)}{\varphi(x)} = l$.

(1) 若 $0 \leqslant l < +\infty$, 则 $\displaystyle\int_0^{+\infty} \varphi(x)\mathrm{d}x$ 收敛时, $\displaystyle\int_0^{+\infty} f(x)\mathrm{d}x$ 也收敛;

(2) 若 $0 < l \leqslant +\infty$, 则 $\displaystyle\int_0^{+\infty} \varphi(x)\mathrm{d}x$ 发散时, $\displaystyle\int_0^{+\infty} f(x)\mathrm{d}x$ 也发散.

(iv) **Cauchy 判别法** 设存在 $a > 0$, $K > 0$ 使得

(1) $0 \leqslant f(x) \leqslant K/x^p$ 在 $[a, +\infty)$ 上成立, 其中 $p > 1$, 则 $\displaystyle\int_0^{+\infty} f(x)\mathrm{d}x$ 收敛;

(2) $f(x) \geqslant K/x^p$ 在 $[a, +\infty)$ 上成立, 其中 $p \leqslant 1$, 则 $\displaystyle\int_0^{+\infty} f(x)\mathrm{d}x$ 发散.

(v) **Cauchy 判别法的极限形式** 设存在 $a > 0$ 使得 $f(x) \geqslant 0$ 在 $[a, +\infty)$ 上成立, 且 $\lim\limits_{x \to +\infty} x^p f(x) = l$.

(1) 若 $0 \leqslant l < +\infty$ 且 $p > 1$, 则 $\displaystyle\int_0^{+\infty} f(x)\mathrm{d}x$ 收敛;

(2) 若 $0 < l \leqslant +\infty$ 且 $p \leqslant 1$, 则 $\displaystyle\int_0^{+\infty} f(x)\mathrm{d}x$ 发散.

(vi) **阿贝尔 (Abel) 判别法** 若 $\displaystyle\int_0^{+\infty} f(x)\mathrm{d}x$ 收敛, $g(x)$ 在 $[0, +\infty)$ 上单调有界, 则 $\displaystyle\int_0^{+\infty} f(x)g(x)\mathrm{d}x$ 收敛.

(vii) **Dirichlet 判别法** 若 $F(A) := \displaystyle\int_0^A f(x)\mathrm{d}x$ 在 $[0, +\infty)$ 上有界, $g(x)$ 在 $[0, +\infty)$ 上单调, 且 $\lim\limits_{x \to +\infty} g(x) = 0$, 则 $\displaystyle\int_0^{+\infty} f(x)g(x)\mathrm{d}x$ 收敛.

(viii) **级数判别法** 设 $f(x)$ 在 $[0, +\infty)$ 上为单减的非负函数, 则 $\displaystyle\int_0^{+\infty} f(x)\mathrm{d}x$ 与正项级数 $\displaystyle\sum_{n=1}^{\infty} f(n)$ 同时收敛或发散.

87. 数项级数敛散性判别法

类似上述广义积分. 特殊情况包括: 正项级数、交错级数等.

5.2 含参变量的广义积分与函数项级数

88. 含参变量的广义积分的定义

(i) 含参变量 x 的瑕积分: $\int_0^1 f(x,y)\mathrm{d}y$, 其中

$$f(x,0+) = \infty.$$

(ii) 含参变量 x 的无穷积分: $\int_a^{+\infty} f(x,y)\mathrm{d}y$.

注 这类积分有关于 $x \in I$ 逐点收敛和一致收敛的重要区别.

89. 一致收敛的定义

(i) **含参变量的瑕积分** $\int_0^1 f(x,y)\mathrm{d}y$ 关于 $x \in I$ 逐点收敛于 $g(x)$, 它在 I 上**一致收敛**, 也称为**关于** $x \in I$ **一致收敛**, 是指对于任意的 $\varepsilon > 0$, 都存在 $\delta = \delta(\varepsilon) \in (0,1)$ 使得只要 $Y \in (0,\delta)$ 就有

$$\left| \int_0^Y f(x,y)\mathrm{d}y \right| = \left| \int_Y^1 f(x,y)\mathrm{d}y - g(x) \right| \leqslant \varepsilon,$$

对所有 $x \in I$ 成立.

这等价于

$$\sup_{x \in I} \left| \int_0^Y f(x,y)\mathrm{d}y \right| \leqslant \varepsilon.$$

(ii) **含参变量的无穷积分** $\int_a^{+\infty} f(x,y)\mathrm{d}y$ 关于 $x \in I$ 逐点收敛于 $g(x)$, 它在 I 上**一致收敛**, 也称为**关于** $x \in I$ **一致收敛**, 是指对于任意的 $\varepsilon > 0$, 都存在 $A_0 > a$ 使得只要 $A > A_0$ 就有

$$\left| \int_a^A f(x,y)\mathrm{d}y - g(x) \right| \leqslant \varepsilon, \quad \text{对所有 } x \in I \text{ 成立.}$$

这等价于

$$\sup_{x \in I} \left| \int_A^{+\infty} f(x,y)\mathrm{d}y \right| \leqslant \varepsilon.$$

90. 一致收敛性的判别法

除定义外, 还有如下一些判别法.

(i) **Cauchy 收敛准则**　含参变量的瑕积分 $\int_0^1 f(x,y)\mathrm{d}y$ 在 $x \in I$ 上一致收敛的充分必要条件为: 对于任意给定的 $\varepsilon > 0$, 存在与 x 无关的 $\delta(\varepsilon) > 0$, 使得对于任意 δ_1, $\delta_2 \in (0, \delta(\varepsilon))$ 以及任何 $x \in I$ 都有 $\left| \int_{\delta_1}^{\delta_2} f(x,y)\mathrm{d}y \right| < \varepsilon$ 成立.

(ii) **Weierstrass M 判别法**　$|f(x,y)| \leqslant g(y)$ 且 $\int_0^1 g(y)\mathrm{d}y$ 收敛, 则 $\int_0^1 f(x,y)\mathrm{d}y$ 关于 $x \in I$ 一致收敛.

(iii) **Abel 判别法**　设 $\int_0^1 f(x,y)\mathrm{d}y$ 在 I 上一致收敛, 对每一个 $x \in I$, 函数 $g(x,y)$ 为 y 的单调函数, 且 g 关于 $x \in I$ 一致有界, 则 $\int_0^1 f(x,y)g(x,y)\mathrm{d}y$ 在 I 上一致收敛.

(iv) **Dirichlet 判别法**　设对任何 $\delta \in (0,1)$, 含参变量的正常积分 $\int_\delta^1 f(x,y)\mathrm{d}y$ 关于 $x \in I$ 一致有界. 对每一个 $x \in I$, 函数 $g(x,y)$ 为 y 的单调函数, 且当 $y \to 0+$ 时, $g(x,y)$ 关于参数 $x \in I$ 一致收敛于 0, 则 $\int_0^1 f(x,y)g(x,y)\mathrm{d}y$ 在 I 上一致收敛.

91. 不一致收敛的定义

$\int_a^{+\infty} f(x,y)\mathrm{d}y$ 关于 $x \in I$ 逐点收敛于 $g(x)$, 但是**不一致收敛**于该函数, 其定义为: 存在某个 $\varepsilon_0 > 0$, 对于任意的 $A_0 > 0$, 都有 $A_1 \geqslant A_0$ 使得

$$\left| \int_a^{A_1} f(x_0, y)\mathrm{d}y - g(x_0) \right| \geqslant \varepsilon_0, \quad \text{对某个 } x_0 \in I \text{ 成立.}$$

这等价于

$$\sup_{x \in I} \left| \int_a^{A_1} f(x, y)\mathrm{d}y - g(x) \right| \geqslant \varepsilon_0.$$

例 对 $x \in I := (-1, 0)$, 考虑 $\int_1^\infty xy^{x-1}\mathrm{d}y$, 显然此积分关于 $x \in I$ 逐点收敛于函数 -1. 但是对于任意充分大的 A_0, 都有

$$\sup_{x \in I} \left| \int_1^{A_0} xy^{x-1}\mathrm{d}y + 1 \right| = \sup_{x \in I} |A_0^x| = 1.$$

因此, 它不是一致收敛的.

92. 一致收敛的广义积分的性质

(i) **连续性** (积分与极限的可交换性) 设 $f(x, y) \in C(I \times [c, \infty))$. 若含参变量 x 的无穷积分 $\Phi(x) = \int_c^{+\infty} f(x, y)\mathrm{d}y$ 在 I 上一致收敛, 则 $\Phi(x) \in C(I)$, 即对任何 $x_0 \in I$, 有

$$\lim_{x \to x_0} \Phi(x) = \lim_{x \to x_0} \int_c^{+\infty} f(x, y)\mathrm{d}y = \int_0^{+\infty} \lim_{x \to x_0} f(x, y)\mathrm{d}y$$
$$= \int_0^{+\infty} f(x_0, y)\mathrm{d}y.$$

(ii) **可微性** (求导与积分的可交换性) 设 $f(x, y), f_x(x, y) \in C(I \times [c, \infty))$. 若 $\Phi(x) = \int_c^{+\infty} f(x, y)\mathrm{d}y$ 在 I 上收敛, $\int_c^{+\infty} f_x(x, y)\mathrm{d}y$ 在 I 上一致收敛, 则 $\Phi(x) \in C^1(I)$, 且

$$\frac{\mathrm{d}}{\mathrm{d}x} \int_c^{+\infty} f(x, y)\mathrm{d}y = \int_0^{+\infty} \frac{\partial}{\partial x} f(x, y)\mathrm{d}y.$$

(iii) **可积性** (积分与积分的可交换性) 设 $f(x, y) \in C([a, b] \times [c, \infty))$, 若 $\Phi(x) = \int_c^{+\infty} f(x, y)\mathrm{d}y$ 在 $[a, b]$ 上一致收敛, 则 $\Phi(x)$ 在 $[a, b]$ 上可积, 且

$$\int_a^b \mathrm{d}x \int_c^{+\infty} f(x,y)\mathrm{d}y = \int_0^{+\infty} \mathrm{d}y \int_a^b f(x,y)\mathrm{d}x.$$

例　作为应用, 计算 Dirichlet 积分 $I = \int_0^{+\infty} \dfrac{\sin ay}{y}\mathrm{d}y$, 可以引进参数 x 而研究

$$\Phi(x) := \int_0^{+\infty} \mathrm{e}^{-xy}\frac{\sin ay}{y}\mathrm{d}y, \quad x \geqslant 0.$$

由 Abel 判别法可知此积分关于 $x \geqslant 0$ 一致收敛, 从而由连续性性质可得 $\Phi(0) = \lim\limits_{x \to 0+} \Phi(x) = \dfrac{\pi}{2}\mathrm{sgn}(a)$.

93.　Euler 积分

伽马 (Gamma) 函数　$\Gamma(s) = \displaystyle\int_0^{+\infty} x^{s-1}\mathrm{e}^{-x}\mathrm{d}x$;

贝塔 (Beta) 函数　$B(p,q) = \displaystyle\int_0^1 x^{p-1}(1-x)^{q-1}\mathrm{d}x$.

(i) **Gamma 函数递推公式**　$\Gamma(s+1) = s\Gamma(s), \quad s > 0$;

(ii) **两者关系**　$B(p,q) = \dfrac{\Gamma(p)\Gamma(q)}{\Gamma(p+q)}, \quad p,q > 0$;

(iii) **斯特林 (Stirling) 公式**

$$\Gamma(s+1) = \left(\frac{s}{\mathrm{e}}\right)^s \sqrt{2\pi s}\,\left(1 + o(1)\right), \quad s \to \infty$$

(参见文献 [5]). 更精确地, 当自然数 n 充分大时, 存在 $\theta_n \in (0,1)$ 使得

$$\Gamma(n+1) = n! = \sqrt{2\pi n}\,\left(\frac{n}{\mathrm{e}}\right)^n \mathrm{e}^{\frac{\theta_n}{12n}}.$$

(iv) 当 $s \to 0+$ 时, $\Gamma(s) \sim \dfrac{1}{s}$.

94. 函数项级数定义

$$\sum_{n=1}^{\infty} u_n(x), \quad x \in D; \qquad \sum_{n=1}^{\infty} u_n(x,y), \quad (x,y) \in D$$

有逐点收敛和一致收敛两种收敛性.

95. 函数项级数一致收敛判别法

(i) **定义** 设函数项级数 $\sum\limits_{n=1}^{\infty} u_n(x)\ (x \in D)$ 的部分和函数序列为 $\{S_n(x)\}$, 如果它在 $x \in D$ 上一致收敛于函数 $S(x)$, 则称 $\sum\limits_{n=1}^{\infty} u_n(x)$ 在 D 上一致收敛于 $S(x)$.

(ii) **Cauchy 收敛准则** 函数项级数 $\sum\limits_{n=1}^{\infty} u_n(x)$ 在 D 上一致收敛的充要条件是: 对任意给定的 $\varepsilon > 0$, 存在正整数 $N = N(\varepsilon)$, 使得

$$|u_{n+1}(x) + u_{n+2}(x) + \cdots + u_m(x)| < \varepsilon$$

对一切正整数 $m > n > N$ 以及所有 $x \in D$ 成立.

(iii) **Weierstrass M 判别法** (也叫**优级数判别法**) 若级数 $\sum\limits_{n=1}^{\infty} u_n(x)\ (x \in D)$ 的通项 $u_n(x)$ 满足 $|u_n(x)| \leqslant M_n\ (x \in D)$, 并且数项级数 $\sum\limits_{n=1}^{\infty} M_n$ 收敛, 则 $\sum\limits_{n=1}^{\infty} u_n(x)$ 在 D 上一致收敛.

(iv) **Abel 判别法** 设函数列 $\{a_n(x)\}$ 对每一固定的 $x \in D$ 关于 n 是单调的, 且 $\{a_n(x)\}$ 在 D 上一致有界: $|a_n(x)| \leqslant M\ (x \in D)$. 又设函数项级数 $\sum\limits_{n=1}^{\infty} b_n(x)$ 在 D 上一致收敛, 则函数项级数 $\sum\limits_{n=1}^{\infty} a_n(x)b_n(x)$ 在 D 上一致收敛.

(v) **Dirichlet 判别法** 设函数列 $\{a_n(x)\}$ 对每一固定的 $x \in D$ 关于 n 是单调的, 且 $\{a_n(x)\}$ 在 D 上一致收敛于 0. 又设函数项级数 $\sum\limits_{n=1}^{\infty} b_n(x)$ 的部分和序列在 D 上一致有界:

$$\left|\sum_{k=1}^{n} b_k(x)\right| \leqslant M, \quad x \in D, \ n \geqslant 1,$$

则函数项级数 $\displaystyle\sum_{n=1}^{\infty} a_n(x)b_n(x)$ 在 D 上一致收敛.

注 Abel 判别法和 Dirichlet 判别法出现在反常积分 $\displaystyle\int_1^{\infty} f(x)\mathrm{d}x$、数项级数 $\displaystyle\sum_{n=1}^{\infty} a_n$、函数项级数 $\displaystyle\sum_{n=1}^{\infty} f_n(x)$、含参量的反常积分 $\displaystyle\int_1^{\infty} f(x,y)\mathrm{d}x$ 等环节, 它们有相似的表达和应用, 应该对照比较.

96. 和函数的性质

(i) **连续性** (无穷和与极限的可交换性)　设对每个 n, $u_n(x)$ 在 $[a,b]$ 上连续, 且 $\displaystyle\sum_{n=1}^{\infty} u_n(x)$ 在 $[a,b]$ 上一致收敛于 $S(x)$, 则和函数 $S(x)$ 在 $[a,b]$ 上连续, 即对任意的 $x_0 \in [a,b]$, 有

$$\lim_{x \to x_0} \sum_{n=1}^{\infty} u_n(x) = \sum_{n=1}^{\infty} \lim_{x \to x_0} u_n(x).$$

(ii) **可积性** (积分与无穷和的可交换性, 也称为**逐项积分**) 设上一性质的条件都成立, 则 $S(x)$ 在 $[a,b]$ 上可积, 且

$$\int_a^b S(x)\mathrm{d}x = \int_a^b \sum_{n=1}^{\infty} u_n(x)\mathrm{d}x = \sum_{n=1}^{\infty} \int_a^b u_n(x)\mathrm{d}x.$$

(iii) **可微性** (求导与无穷和的可交换性, 也称为**逐项求导**或**逐项微分**)　设级数 $\displaystyle\sum_{n=1}^{\infty} u_n(x)$ 的每一项 $u_n(x)$ 都在 $[a,b]$ 上连续可微, $\displaystyle\sum_{n=1}^{\infty} u_n(x)$ 在 $[a,b]$ 上逐点收敛于 $S(x)$, 而 $\displaystyle\sum_{n=1}^{\infty} u_n'(x)$ 在 $[a,b]$ 上一致收敛于 $g(x)$, 则 $S(x)$ 在 $[a,b]$ 上可导, 且

$$S'(x) = \frac{\mathrm{d}}{\mathrm{d}x} \sum_{n=1}^{\infty} u_n(x) = \sum_{n=1}^{\infty} u_n'(x) = g(x), \quad x \in [a,b].$$

97. Maclaurin 级数、 Taylor 级数

一些典型初等函数的 Maclaurin 级数:

$$(1+x)^\alpha = \sum_{n=0}^{\infty} \frac{\alpha(\alpha-1)\cdots(\alpha-n+1)}{n!} x^n, \quad x \in (-1,1), \ \alpha > 0;$$

$$\mathrm{e}^x = \sum_{n=0}^{\infty} \frac{x^n}{n!} = 1 + x + \frac{x^2}{2!} + \frac{x^3}{3!} + \cdots + \frac{x^n}{n!} + \cdots, \quad x \in (-\infty, +\infty);$$

$$\ln(1+x) = \sum_{n=0}^{\infty} \frac{(-1)^{n+1}}{n} x^n = x - \frac{x^2}{2} + \frac{x^3}{3} + \cdots$$
$$+ (-1)^{n-1} \frac{x^n}{n} + \cdots, \quad x \in (-1, 1];$$

$$\sin x = \sum_{n=0}^{\infty} \frac{(-1)^n}{(2n+1)!} x^{2n+1} = x - \frac{x^3}{3!} + \frac{x^5}{5!} - \cdots$$
$$+ (-1)^n \frac{x^{2n+1}}{(2n+1)!} + \cdots, \quad x \in (-\infty, +\infty);$$

$$\cos x = \sum_{n=0}^{\infty} \frac{(-1)^n}{(2n)!} x^{2n} = 1 - \frac{x^2}{2!} + \frac{x^4}{4!} - \cdots$$
$$+ (-1)^n \frac{x^{2n}}{(2n)!} + \cdots, \quad x \in (-\infty, +\infty);$$

$$\arctan x = \sum_{n=0}^{\infty} \frac{(-1)^{n-1}}{2n-1} x^{2n-1} = x - \frac{x^3}{3} + \frac{x^5}{5} - \cdots$$
$$+ (-1)^n \frac{x^{2n+1}}{2n+1} + \cdots, \quad x \in [-1, 1].$$

98. Taylor 公式、Taylor 级数与 Taylor 展开式

设 $f(x)$ 在 x_0 的某邻域内无穷次可微.

(i) Taylor 公式是指有限项近似 (是 Lagrange 中值定理的

推广)

$$f(x) = f(x_0) + f'(x_0)(x-x_0) + \cdots + \frac{f^{(n)}(x_0)}{n!}(x-x_0)^n + R_n(x).$$

(ii) Taylor 级数是指由 $f^{(n)}(x_0)$ 作系数 (人为) 构造的特殊幂级数

$$\sum_{n=0}^{\infty} \frac{f^{(n)}(x_0)}{n!}(x-x_0)^n.$$

(iii) Taylor 展开是指 Taylor 级数收敛于原函数 $f(x)$:

$$f(x) = \sum_{n=0}^{\infty} \frac{f^{(n)}(x_0)}{n!}(x-x_0)^n.$$

注　有些函数 $f(x)$ 的 Taylor 级数不一定收敛, 或者是即便收敛, 其和函数也不一定是 $f(x)$. 只有当这些都是肯定的时, 才说 $f(x)$ 可以 Taylor 展开. 参见习题 2 第 7 题.

99. 幂级数求和函数

利用逐项积分、逐项求导等性质.

100. 解析性与光滑性

一个实函数解析是指它在定义域中每一点的附近都可以展开成一个幂级数. 而函数光滑通常是指具有无穷多次导数. 非平凡解析函数的零点具有孤立性, 即如果

$$f(x) = \sum_{n=0}^{\infty} a_n x^n, \quad x \in (-R, R),$$

而且 $f(x)$ 的零点有聚点, 则 $f(x) \equiv 0$. (参见 [5], 这个性质可以用来研究微分方程解析解的零点性质, 在一维抛物方程的定性研究中非常有用.)

下面是两个光滑而非解析的例子:

(1) 习题 2 第 7 题;

(2) 函数

$$f(x) := \sum_{n=1}^{\infty} \frac{\sin(2^n x)}{n!}$$

是由函数项级数 (非幂级数) 的和函数定义的, 它在实轴上无穷次可微, 且 $f^{(2m)}(0) = 0$, $f^{(2m+1)}(0) = (-1)^m e^{2^{2m+1}}$, 其 Maclaurin 级数为

$$\sum_{m=1}^{\infty} \frac{(-1)^m e^{2^{2m+1}}}{(2m+1)!} x^{2m+1},$$

只在 $x = 0$ 处收敛 (参见文献 [7] 的 6.2 节).

101. Fourier 级数 (按特征函数系展开)、三角级数

设 $f(x)$ 在 $[0, 2\pi]$ 上绝对可积, 则其 Fourier 级数为

$$\frac{a_0}{2} + \sum_{n=1}^{\infty} (a_n \cos nx + b_n \sin nx).$$

当 $f(x)$ Hölder 连续时, 或者 $f(x)$ 连续且逐段单调时, 此级数一致收敛于 $f(x)$.

注 1 关于三角级数的唯一性问题. 下面的 Cantor-Lebesgue 定理成立: 如果存在闭可列集 E 使得

$$\frac{a_0}{2} + \sum_{n=1}^{\infty} (a_n \cos nx + b_n \sin nx) = 0, \quad x \in [0, 2\pi] \backslash E,$$

则 $a_n = b_n = 0$. Cantor 在 1870 年左右研究这个问题时, 发现了处理无穷点集的重要性, 从而建立了集合论.

注 2 设 $f(x)$ 是 $[-\pi, \pi]$ 上的平方可积函数, 则它的 Fourier 系数满足如下的 **贝塞尔 (Bessel) 不等式**:

$$\frac{a_0^2}{2} + \sum_{n=1}^{\infty} (a_n^2 + b_n^2) \leqslant \frac{1}{\pi} \int_{-\pi}^{\pi} f^2(x) \mathrm{d}x,$$

此式的等号也成立, 称为 **帕塞瓦尔 (Parseval) 恒等式**. 在内积空间中也有类似结论.

102. 函数列及其收敛性

函数列是以函数为通项的序列, 比数列和欧氏空间中的点列要复杂. 如

$$\{f_n(x)\}\,(x \in I \subset \mathbb{R}), \quad \{g_n(x, y)\}\,((x, y) \in D \subset \mathbb{R}^2).$$

函数项级数的通项 $\{u_n(x)\}$, 以及它的前 n 项和序列 $\{S_n(x)\}$ 都是函数列.

设函数列 $\{f_n(x)\}$ 与函数 $g(x)$ 都在 I 上有定义.

(i) **逐点收敛**　称 $\{f_n(x)\}$ 在 I 上逐点收敛于 $g(x)$, 如果对任意 $x_0 \in I$ 和任意 $\varepsilon > 0$, 都存在 $N = N(x_0, \varepsilon)$ 使得当 $n > N$ 时总有 $|f_n(x_0) - g(x_0)| < \varepsilon$.

(ii) **一致收敛**　称 $\{f_n(x)\}$ 在 I 上一致收敛于 $g(x)$, 如果对任意 $\varepsilon > 0$, 都存在 $N = N(\varepsilon)$ 使得当 $n > N$ 时总有 $|f_n(x) - g(x)| < \varepsilon$ 对所有 $x \in I$ 成立. 这个定义等价于

$$\lim_{n \to \infty} \sup_{x \in I} |f_n(x) - g(x)| = 0.$$

(iii) **不一致收敛**　称 $\{f_n(x)\}$ 在 I 上逐点但不一致收敛于 $g(x)$, 如果存在 $\varepsilon_0 > 0$, 对于任意大的 $N > 0$ 都有 $n_0 > N$ 以及 $x_0 \in I$ 使得 $|f_{n_0}(x_0) - g(x_0)| \geqslant \varepsilon_0$.

注 1　如果 I 为紧集 (比如, 有界闭区间), 而且 $f_n(x)$, $g(x) \in C(I)$, 那么 $\{f_n(x)\}$ 在 I 上一致收敛于 $g(x)$ 就是 f_n 按照 $C(I)$ 中的范数收敛于 g:

$$\|f_n - g\|_{C(I)} := \max_{x \in I} |f_n(x) - g(x)| \to 0 \quad (n \to \infty).$$

注 2 判断函数列的一致收敛性, 除定义外, 还有 Cauchy 收敛准则等.

103. Arzela-Ascoli 定理

设 $\{f_n(x)\}$ 是有界闭区域 D 上的连续函数列, 如果它

(1) **一致有界** 即存在 $M > 0$, 使得 $|f_n(x)| \leqslant M$ 对所有 n 和所有 $x \in D$ 成立;

(2) **等度连续** 即对任意 $\varepsilon > 0$, 都存在 $\delta > 0$, 使得对任何 n 以及任何 $x, y \in D$, 只要 $|x-y| < \delta$ 就有 $|f_n(x)-f_n(y)| < \varepsilon$.

那么 $\{f_n(x)\}$ 必存在子序列在 D 上一致收敛于某连续函数, 即函数列 $\{f_n(x)\}$ 是**列紧**的 (**相对紧**的).

注 一个集合列紧是指它的任一无穷点列必有收敛子列. 如果 $\{f_n(x)\} \subset C^1(D)$ 按照 $C^1(D)$ 中范数

$$\|h(x)\|_{C^1(D)} := \max_{x \in D} |h(x)| + \max_{x \in D} |Dh(x)|, \quad h \in C^1(D)$$

有界, 那么它必定是一致有界、等度连续的, 因此在 $C(D)$ 中列紧, 这个结论也称为 $C^1(D)$ 紧嵌入 $C(D)$.

104. 一致收敛函数列的性质

(i) **连续性** (极限与极限的可交换性) 设函数序列 $\{f_n(x)\}$ 的每一项 $f_n(x) \in C([a,b])$ 上连续, 且序列在 $[a,b]$ 上一致收敛于 $g(x)$, 则 $g(x) \in C([a,b])$, 即

$$\lim_{x \to x_0} \lim_{n \to \infty} f_n(x) = \lim_{x \to x_0} g(x) = g(x_0) = \lim_{n \to \infty} f_n(x_0)$$
$$= \lim_{n \to \infty} \lim_{x \to x_0} f_n(x).$$

这个性质蕴含着连续函数列的一致收敛极限函数也是连续的.

(ii) **可积性** (积分与极限的可交换性)　设上一性质的条件成立, 则 $g(x)$ 在 $[a,b]$ 上可积, 且

$$\int_a^b \lim_{n\to\infty} f_n(x)\mathrm{d}x = \int_a^b g(x)\mathrm{d}x = \lim_{n\to\infty} \int_a^b f_n(x)\mathrm{d}x.$$

(iii) **可微性** (求导与极限的可交换性)　设函数序列 $\{f_n(x)\}$ 满足 $f_n(x) \in C^1([a,b])$. 又设 $\{f_n(x)\}$ 在 $[a,b]$ 上逐点收敛于 $g(x)$, 且 $\{f_n'(x)\}$ 在 $[a,b]$ 上一致收敛于 $h(x)$, 则 $g(x) \in C^1([a,b])$, 且

$$\frac{\mathrm{d}}{\mathrm{d}x} \lim_{n\to\infty} f_n(x) = \frac{\mathrm{d}}{\mathrm{d}x} g(x) = h(x) = \lim_{n\to\infty} \frac{\mathrm{d}}{\mathrm{d}x} f_n(x).$$

一个重要的例子　函数列 $\{f_n(x) = x^n\}$ 在 $[0,1]$ 上光滑, 但是不一致收敛. 不过, 因为一致收敛性只是上述连续性、可微性、可积性三个性质的充分条件而不是必要的, 因此, 不能由不一致收敛就断定这三个性质一定不成立, 而是需要单独进行考虑. 事实上, $\{x^n\}$ 的逐点极限函数不连续, 因此, 连续性和可微性在 $x = 1$ 处不成立, 但是可积性却成立:

$$\lim_{n\to\infty} \int_0^1 f_n(x)\mathrm{d}x = \int_0^1 \left[\lim_{n\to\infty} f_n(x) \right] \mathrm{d}x.$$

怎么理解这个现象呢? 首先要注意即使充分条件不满足, 可积性结论也有可能成立. 其次, 这个极限与积分的可交换性放在实分析的 Lebesgue 积分框架下, 由控制收敛定理就可以得到.

注　将 Riemann 积分推广到 Lebesgue 积分, 一个重要的意义就是积分与极限可以比较方便地进行交换. 因此, 在偏微分方程的研究中就可以先研究光滑解, 再通过逼近得到相应的 Sobolev 空间中光滑性较差的弱解. 从这个意义上说, 先学习 Lebesgue 积分 (实变函数), 再学习 Sobolev 空间 (泛函分析), 然后学习偏微分方程是合适的次序.

105. 广义积分、级数、序列的对应关系表

函数	广义积分	级数	序列
一元函数	$\int_0^\infty f(x)\mathrm{d}x$	数项级数 $\sum_{k=1}^\infty a_k$	级数前 n 项和 数列 $\{s_n\}$
多元函数	$\iint_{\mathbb{R}^2} f(x,y)\mathrm{d}x\mathrm{d}y$	多重数项级数 $\sum_{i,j=1}^\infty a_{ij}$	多重数列 $\{s_{mn}\}$
含参变量	$\int_0^\infty f(x,y)\mathrm{d}y$	函数项级数 $\sum_{i=1}^\infty u_i(x,y)$	级数前 n 项和函 数列 $\{s_n(x,y)\}$

习　题　5

1. 设 $a > 0$, 计算 $\displaystyle\int_0^\infty \frac{1}{x^4 + a^4}\mathrm{d}x$.

2. 证明 $\displaystyle\int_0^\infty \frac{\ln x}{1 + x^2}\mathrm{d}x$ 收敛并求其值.

3. 研究 $\displaystyle\int_1^\infty \frac{\mathrm{d}x}{x^p}$ 和 $\displaystyle\sum_{n=1}^\infty \frac{1}{n^p}$ 的收敛性.

4. 研究 $I = \displaystyle\int_0^\infty \left[\left(1 - \frac{\sin x}{x}\right)^{-1/3} - 1\right]\mathrm{d}x$ 是否收敛？是否绝对收敛？

5. 设 $f(x)$ 在 $\mathbb{R}$ 中局部可积, 且当 $x \to \pm\infty$ 时都有有限极限. 证明: 对任何实数 a, 下面的积分收敛

$$\int_{-\infty}^\infty |f(x+a) - f(x)|\mathrm{d}x.$$

6. 若 $\displaystyle\int_0^{+\infty} f(x)\mathrm{d}x$ 收敛, 且 $xf(x)$ 单调, 则

$$\lim_{x \to +\infty} xf(x)\ln x = 0.$$

7. 设 $f \in C([0,\infty))$, $\displaystyle\int_0^\infty |f(x)|\mathrm{d}x$ 收敛. 证明: 存在 $\{x_n\}$

满足 $x_n \to \infty \ (n \to \infty)$ 使得 $\lim\limits_{n \to \infty} x_n f(x_n) = 0$.

8. 设 $f(x) \in C([0, \infty))$, $F = \lim\limits_{x \to \infty} f(x)$, 又假设 $a > b > 0$. 试求 Froullani 积分

$$\int_0^\infty \frac{f(ax) - f(bx)}{x} \mathrm{d}x.$$

9. 计算积分 $I := \int_0^\infty \mathrm{e}^{-x^2} \mathrm{d}x$.

10. 设 $a > 0$, $b > 0$, 证明 $\int_0^\infty \mathrm{e}^{-ax^2 - \frac{b}{x^2}} \mathrm{d}x = \dfrac{1}{2}\sqrt{\dfrac{\pi}{a}} \mathrm{e}^{-2\sqrt{ab}}$.

11. **Fourier 变换**　设 $f(x) \in C(\mathbb{R}) \cap L^1(\mathbb{R})$ (后者表示 $f(x)$ 在 $\mathbb{R}$ 上 Lebesgue 可积), 则 $f(x)$ 的 Fourier 变式定义为

$$F[f](y) := \frac{1}{\sqrt{2\pi}} \int_{\mathbb{R}} f(x) \mathrm{e}^{-\mathrm{i}yx} \mathrm{d}x.$$

研究 $f(x) = \mathrm{e}^{-ax^2}$, $\mathrm{e}^{-ax^2 + \mathrm{i}bx}$ 的 Fourier 变式, 由此证明

$$\int_0^{+\infty} \mathrm{e}^{-x^2} \cos(2bx) \mathrm{d}x = \frac{\sqrt{\pi}}{2} \mathrm{e}^{-b^2}.$$

12. **Laplace 变换**　设 $f(x) \in C(\mathbb{R})$, 则 $f(x)$ 的 Laplace 变式定义为

$$L[f](y) := \int_0^{+\infty} f(x) \mathrm{e}^{-yx} \mathrm{d}x, \quad y > 0.$$

研究 $f(x) = x$, e^{ax} 的 Laplace 变式, 由此求解常微分方程 $h' + h = \mathrm{e}^{ax} + x$.

13. 设 B 是 $\mathbb{R}^2$ 中的单位圆, $\mathbf{n}$ 为边界上的单位外法向, 函数 $u(x, y) \in C^2(\overline{B})$. 对任意 $(x, y) = (r\cos\alpha, r\sin\alpha)$, $(\xi, \eta) = (\rho\cos\theta, \rho\sin\theta) \in B$, 定义

$$\Gamma(x, y; \xi, \eta) = \Gamma(r, \alpha; \rho, \theta) := \frac{1}{4\pi} \ln \frac{1}{r^2 + \rho^2 - 2r\rho\cos(\theta - \alpha)},$$

$$G(x,y;\xi,\eta) = G(r,\alpha;\rho,\theta) := \frac{1}{4\pi} \ln \frac{r^2\rho^2 + 1 - 2r\rho\cos(\theta-\alpha)}{r^2 + \rho^2 - 2r\rho\cos(\theta-\alpha)}.$$

证明如下结论:

$$\begin{aligned}
u(\xi,\eta) = &-\iint_B \Gamma(x,y;\xi,\eta)\Delta u(x,y)\mathrm{d}x\mathrm{d}y \\
&+ \oint_{\partial B} \left(\Gamma(x,y;\xi,\eta)\frac{\partial u(x,y)}{\partial \mathbf{n}} \right. \\
&\qquad \left. - u(x,y)\frac{\partial\Gamma(x,y;\xi,\eta)}{\partial \mathbf{n}} \right)\mathrm{d}l_{xy} \\
= &\iint_B G(x,y;\xi,\eta)\Delta u(x,y)\mathrm{d}x\mathrm{d}y \\
&- \oint_{\partial B} u(x,y)\frac{\partial G(x,y;\xi,\eta)}{\partial \mathbf{n}}\mathrm{d}l_{xy},
\end{aligned}$$

其中 $\Delta u = u_{xx} + u_{yy}$. 由此说明

$$\int_0^{2\pi} \frac{1-r^2}{1+r^2-2r\cos(\theta-\alpha)}\mathrm{d}\alpha \equiv 2\pi.$$

(这个题目实际上是圆上的 Laplace 方程的边值问题求解公式.)

14. 设 $p \in (0,1)$, 验证

(a) $\displaystyle\int_1^\infty \frac{\sin(xy)}{x^p}\mathrm{d}x$ 关于 $y \in [1,\infty)$ 一致收敛, 关于 $y \in (0,2)$ 不一致收敛.

(b) $\displaystyle\sum_{n=1}^\infty \frac{\sin(ny)}{n^p}$ 在 $[1,\infty)$ 上一致收敛, 在 $(0,\pi)$ 上不一致收敛.

15. 证明 $u(y) = \displaystyle\int_1^\infty y\mathrm{e}^{-xy^2}\mathrm{d}x$ 在 $(0,+\infty)$ 内连续, 但在 $y = 0$ 处不连续.

16. 证明: $u(y) = \displaystyle\int_0^{+\infty} \frac{\sin(yx^2)}{x}\mathrm{d}x$ 在 $(0,+\infty)$ 内不一致收敛, 但是仍然连续.

17. 设 $f(y) \in C^1([0,1])$, $f(0) = f(1) = 0$, $f(y) > 0$ $(y \in$

$(0,1))$, 问: 对 f 增加怎样的一些额外条件可以保证函数

$$L(y) := \int_0^y \frac{\mathrm{d}x}{\sqrt{\displaystyle\int_x^y f(s)\mathrm{d}s}}$$

关于 $y \in (0,1)$ 具有单调性?

　　注　这是单稳定型反应扩散方程求平衡解时遇到的一个问题, 已经知道: 如果 $f(y)$ 是逻辑斯谛 (logistic) 类型的函数 $y(1-y)$ 时, 可以通过上下解方法证明 $L(y)$ 关于 y 是单增的. 问题在于关于 f 的条件, 最大可以减弱到什么程度. 本问题在学术界至今尚不是完全清楚.

　　18. 研究下列级数或积分的收敛性:

(a) $\displaystyle\sum_{n=1}^\infty \left(\mathrm{e}^{\frac{1}{n}} - 1 - \frac{1}{n}\right)^p$.

(b) $\displaystyle\int_0^1 \frac{\mathrm{d}x}{(\mathrm{e}^x - 1 - x)^p}$.

(c) $\displaystyle\sum_{n=1}^\infty \frac{1}{n}\left[\mathrm{e} - \left(1 + \frac{1}{n}\right)^n\right]^p$.

(d) $\displaystyle\int_0^{+\infty} \frac{\alpha\mathrm{d}x}{1 + \alpha^2 x^2}$, $\alpha \in (0,1)$ (一致收敛性).

(e) $\displaystyle\sum_{n=1}^\infty (1-x)x^n$, $x \in [0,1]$ (一致收敛性).

(f) $\displaystyle\sum_{n=1}^\infty \frac{(-1)^{n-1}x^2}{(1+x^2)^n}$, $x \in \mathbb{R}$ (一致收敛).

(g) $\displaystyle\sum_{n=1}^\infty \frac{x^2}{(1+x^2)^n}$, $x \in \mathbb{R}$ (收敛但不一致收敛).

(h) $\displaystyle\sum_{n=1}^\infty \frac{x^n \cos nx}{1 + x + \cdots + x^{2n-1}}$, $x \in (0,1]$ (一致收敛).

(i) $\displaystyle\sum_{n=1}^\infty \frac{1 + \frac{1}{2} + \cdots + \frac{1}{n}}{(n+1)(n+2)}$ (收敛并求值).

19. 设 $x_n > 0$, $\lim\limits_{n\to\infty} n\left(\dfrac{x_n}{x_n+1} - 1\right) > 0$. 证明交错级数 $\sum\limits_{n=1}^{\infty}(-1)^{n+1}x_n$ 收敛.

20. 设 $\sum\limits_{n=1}^{\infty} a_n$ 收敛, 讨论级数 $\sum\limits_{n=1}^{\infty} \dfrac{(-1)^n a_n}{n}$ 的收敛性.

21. 求级数的和: $\sum\limits_{n=1}^{\infty} \dfrac{(x-3)^n}{n3^n}$, $\sum\limits_{n=1}^{\infty} \dfrac{2n+1}{3^n}$.

22. 设 $p > 1$, $\{a_n\}$ 是一个正数列, $A_n := \dfrac{a_1 + \cdots + a_n}{n}$. 证明

(a) $\sum\limits_{n=1}^{m} A_n^p < \dfrac{p}{p-1} \sum\limits_{n=1}^{m} A_n^{p-1} a_n$;

(b) **Hardy-Landau 不等式** $\sum\limits_{n=1}^{m} A_n^p < \left(\dfrac{p}{p-1}\right)^p \cdot \sum\limits_{n=1}^{m} a_n^p$.

23. **卡莱曼 (Carleman) 不等式** 设 $\sum\limits_{n=1}^{\infty} a_n$ 是正项收敛级数, 证明

$$\sum_{n=1}^{\infty}(a_1 \cdot a_2 \cdots a_n)^{1/n} \leqslant \mathrm{e} \cdot \sum_{n=1}^{\infty} a_n.$$

24. 设数列 $\{a_n\}$ 单调收敛于 0, 对任意 $0 < \delta < \pi$, 证明 $\sum\limits_{n=1}^{\infty}(-1)^{n-1}a_n \cos nx$ 在 $[-\pi+\delta, \pi-\delta]$ 上一致收敛.

25. 证明函数 $S(x) = \sum\limits_{n=1}^{\infty} \dfrac{\cos nx}{n^2}$ 在 $(0,\pi]$ 上可导.

26. 证明: $\sum\limits_{n=1}^{\infty} x^n \ln x$ 的和函数为 $S(x) = \begin{cases} 0, & x = 1, \\ \dfrac{x\ln x}{1-x}, & x \neq 1 \end{cases}$ 在 $x = 1$ 处不连续.

27. 设函数项级数 $\sum\limits_{n=1}^{\infty} u_n(x)$ 在区间 I 上一致收敛于 $f(x)$, 而且对每一个 n, $u_n(x)$ 在 I 上一致连续, 证明 $f(x)$ 在 I 上一致连续.

28. 设函数项级数 $\sum\limits_{n=1}^{\infty} u_n(x)$ 在区间 (a,b) 内闭一致收

敛, 对每一个 n, $u_n(x)$ 在 (a,b) 内连续, 且级数的部分和序列 $\{S_n(x)\}$ 在 $[a,b]$ 上一致有界. 证明 $S_n(x)$ 的极限函数 $S(x)$ 在 $[a,b]$ 上可积, 且积分号与求和号可以交换:

$$\int_a^b S(x)\mathrm{d}x = \sum_{n=1}^{\infty} \int_a^b u_n(x)\mathrm{d}x.$$

29. 设 $x_0 \in E \subset \mathbb{R}$, 又设级数 $\sum_{n=1}^{\infty} u_n(x)$ 在 E 上一致收敛, 而且 $\lim\limits_{x\to x_0} u_n(x) = a_n$ $(x \in E,\ n = 1, 2, \cdots)$. 证明:

(1) $\sum_{n=1}^{\infty} a_n$ 收敛;

(2) $\lim\limits_{x\to x_0} \sum_{n=1}^{\infty} u_n(x) = \sum_{n=1}^{\infty} a_n$.

30. 设 $\sum_{n=1}^{\infty} u_n(x)$ 在 $(x_0 - \delta, x_0 + \delta)$ 上收敛于 $f(x)$, 级数的每一项 $u_n(x)$ 在 $x = x_0$ 处可微, 级数 $\sum_{n=1}^{\infty} \dfrac{u_n(x) - u_n(x_0)}{x - x_0}$ 在 $0 < |x - x_0| < \delta$ 上一致收敛. 证明 $f(x)$ 在 x_0 处可微, 而且

$$f'(x_0) = \sum_{n=1}^{\infty} u_n'(x_0).$$

31. 设幂级数 $\sum_{n=0}^{\infty} a_n x^n$ 的收敛半径为 $R \in (0,1)$, 且数列 $\{a_n\}$ 单调有界. 证明该幂级数在 $[-R, R]$ 上一致收敛.

32. 设 $a_0 = 1$, $a_1 = \dfrac{2}{3}$,

$$(n+1)a_{n+1} - (n-1)a_{n-1} = \frac{2}{3} a_n, \quad n \geqslant 1.$$

求 $\lim\limits_{n\to\infty} n^{\frac{2}{3}} a_n$. (提示: 利用幂级数 $S(x) = \sum_{n=1}^{\infty} n a_n x^{n-1}$, 参见文献 [5].)

注　对于数列 $\{a_n\}$, 称幂级数 $\sum_{n=0}^{\infty} a_n x^n$ 为该数列的**生成**

函数 或 **母函数**. 利用生成函数可以求解差分方程

$$x_{n+2} + \alpha x_{n+1} + \beta x_n = 0$$

或类似本题中更复杂的问题.

33. 设 $\{a_i\}$ $(i = 1, 2, \cdots, 2n)$ 是 $2n$ 个不等于 1 的整数, 满足 $\prod\limits_{i=1}^{2n} a_i = 1$; 又设 $\alpha > 0$, $\beta = \alpha + 1$. 比较 $\sum\limits_{i=1}^{2n} a_i^{\alpha}$ 与 $\sum\limits_{i=1}^{2n} a_i^{\beta}$ 的大小. (提示: 用 Hölder 不等式和平均值不等式.)

34. Fourier 级数

(a) 将 $\sin x$ 在 $[0, \pi]$ 上展开成余弦级数, 并写出它们的和函数;

(b) 将 $f(x) = 2 + |x|$ $(-1 \leqslant x \leqslant 1)$ 展开为以 2 为周期的 Fourier 级数, 并由此求级数 $\sum\limits_{n=1}^{\infty} \dfrac{1}{n^2}$ 的和;

(c) 将 $f(x) = x^4$ $(-\pi \leqslant x \leqslant \pi)$ 展开为 Fourier 级数, 并由此求级数 $\sum\limits_{n=1}^{\infty} \dfrac{1}{n^4}$ 的和;

(d) 把周期为 2π 的函数 $f(x) = x^2$ $(-\pi \leqslant x \leqslant \pi)$ 展开为 Fourier 级数, 并计算下列级数的和

$$\sum_{n=1}^{\infty} \frac{1}{n^2}, \quad \sum_{n=1}^{\infty} \frac{1}{n^4}, \quad \sum_{n=1}^{\infty} (-1)^n \frac{\cos nx}{n^2}.$$

35. 求微分方程的三角级数或幂级数解:

(a) $y'' - y = -10\sin(3x) - 4\sin x$ $(0 < x < \pi)$.

(b) $x^2 y' + y = x^3 + x^8$.

36. 设反常积分 $\displaystyle\int_0^{\infty} u_n(x)\mathrm{d}x$ $(n = 1, 2, \cdots)$ 收敛, 级数 $\sum\limits_{n=1}^{\infty} u_n(x)$ 在区间 $[0, \infty)$ 上一致收敛, 级数 $\sum\limits_{n=1}^{\infty} f_n(x)$ 在 $[0, \infty)$ 上一致收敛, 这里 $f_n(x) = \displaystyle\int_0^x u_n(t)\mathrm{d}t$. 证明:

$$\int_0^\infty \left[\sum_{n=1}^\infty u_n(x) \right] \mathrm{d}x \quad \text{和} \quad \sum_{n=1}^\infty \int_0^\infty u_n(x)\mathrm{d}x$$

都收敛, 而且两者相等.

37. 在 $(0,1)$ 中任取一数列 $\{a_n\}$, 其中各项两两不同. 证明: 函数 $f(x) := \sum_{n=1}^\infty \dfrac{|x-a_n|}{2^n}$ 在 $(0,1)$ 上连续, 且在 $x = a_n$ $(n = 1, 2, \cdots)$ 处都不可微, 而在 $(0,1)$ 中其他点处都可微.

38. 研究以下函数列的极限问题.

$$f_n(x) = \frac{x^2}{n}, \quad x \in \mathbb{R}.$$

$$g_n(x) = x^{2n}, \quad x \in [-1,1].$$

$$h_n(x) = \begin{cases} 1, & x \in [0,n], \\ 0, & x \in (n,2n), \end{cases} \quad \text{且以 } 2n \text{ 为周期.}$$

$$k_n(x) = \begin{cases} 1, & x \in [-n,n], \\ 0, & x \in (n,3n), \end{cases} \quad \text{且以 } 4n \text{ 为周期.}$$

$$p_n(x) = \begin{cases} x/n, & x \in [-n,n], \\ 1, & x > n, \\ -1, & x < -n. \end{cases}$$

39. 证明: 若 f 在 $\mathbb{R}$ 上可以用多项式一致逼近, 那么 f 必为一多项式.

参考文献

[1] 丁传松, 李秉彝, 布伦. 实分析导论. 北京：科学出版社, 1998.

[2] 华东师范大学数学科学学院. 数学分析. 5 版. 北京：高等教育出版社, 2019.

[3] 陈兆斗, 黄光东, 赵琳琳, 等. 大学生数学竞赛习题精讲. 2 版. 北京：清华大学出版社, 2016.

[4] 陈守信. 考研数学分析总复习：精选名校真题. 5 版. 北京：机械工业出版社, 2018.

[5] 楼红卫. 数学分析：要点·难点·拓展. 北京：高等教育出版社, 2020.

[6] 那汤松. 实变函数论. 5 版. 徐瑞云, 译. 北京：高等教育出版社, 2010.

[7] 张福保, 薛星美. 数学分析研学. 北京：科学出版社, 2020.

[8] Hardy G H, Weierstrass's non-differentiable function. Trans. Amer. Math. Soc., 1916, 17(1): 301-325.

[9] Johnsen J. Simple proofs of nowhere-differentiability for Weierstrass's function and cases of slow growth. J. Fourier Anal. Appl., 2010, 16(1): 17-33.